切削加工动力学现代分析方法

刘 宇 何凤霞 著

科学出版社
北京

内 容 简 介

本书主要介绍切削加工动力学的部分研究进展，包括切削加工过程中的颤振分析方法、机器人铣削加工模态耦合颤振、车削颤振可靠性、颤振时变稳定性预测分析方法、颤振检测方法、颤振稳定性分析预测软件系统开发、铣削加工动力学仿真以及骨科机器人和骨材料切削技术等内容。本书对目前存在的四种颤振预测方法进行比较，并提出了颤振可靠性和时变稳定性预测方法。

本书可作为高等学校机械工程专业研究生、高年级本科生的辅导用书，也可供制造领域的工程技术人员参考。

图书在版编目（CIP）数据

切削加工动力学现代分析方法 / 刘宇，何凤霞著. —北京：科学出版社，2020.6

ISBN 978-7-03-064213-4

Ⅰ．①切⋯ Ⅱ．①刘⋯ ②何⋯ Ⅲ．①金属切削-加工工艺-动力学分析 Ⅳ．①TG506

中国版本图书馆 CIP 数据核字（2019）第 301463 号

责任编辑：朱英彪　王　苏 / 责任校对：王萌萌
责任印制：赵　博 / 封面设计：蓝正设计

科 学 出 版 社 出版

北京东黄城根北街 16 号
邮政编码：100717
http://www.sciencep.com

天津市新科印刷有限公司印刷

科学出版社发行　各地新华书店经销

＊

2020 年 6 月第 一 版　开本：720×1000　B5
2024 年 6 月第三次印刷　印张：13 3/4
字数：277 000

定价：118.00元
（如有印装质量问题，我社负责调换）

前　言

切削加工是一种最常见的材料去除方式。切削加工动力学主要研究切削过程中的刀具切削力建模、刀具振动、系统稳定性等。经过几十年的研究，人们认识到切削过程中的颤振现象，并对其机理进行了阐释，提出了颤振稳定性叶瓣图方法用于预测颤振和指导加工。然而，颤振本质上是系统失稳的问题，本身不可避免，只能通过选择合适的参数来实现对颤振的抑制。另外，颤振分析需要工程人员具有较高的理论水平。因此，颤振分析在国内还极少应用于生产实践。

国内机床行业人员在面临颤振问题时，通常都不是通过颤振分析进行加工参数的选择来抑制颤振的，甚至对机床的颤振预测缺乏信心。一个原因是对加工动力学的不重视，宁可牺牲加工效率、降低切削用量也不愿尝试颤振预测，而是寻求一种保守的思路。业内专家通过对机床可靠性的研究发现，机床可靠性低的主要原因是发生故障后的代价不高。另一个原因是对于颤振的预测和抑制，需要采用不同的刀具、加工方式、机床结构，以及不同的有针对性的计算方法。国外对颤振的预测和避免的研究及应用已经明显领先，加拿大不列颠哥伦比亚大学的Altintas和美国北卡罗来纳大学的Schmitz是机床颤振研究领域的领军人物，他们推动了机床颤振研究及应用的快速发展。制造业是我国国民经济的支柱产业，也是我国经济增长和经济转型的基础。对于目前存在的研究与应用脱节的现状，国内应重视对机床加工过程中颤振检测及抑制等方面的研究，以促进机床在加工效率及加工质量等方面的发展。

本书作者多年来从事加工动力学、振动测试的研究工作，对机床模态分析、颤振预测方法、机器人模态耦合颤振、颤振分析中的参数不确定问题、颤振分析软件的开发、颤振在线监测方法、加工过程仿真、骨切削过程等进行了研究，主持国家自然科学基金面上项目"基于模态耦合颤振的骨切削机器人加工过程优化及控制策略研究"和青年科学基金项目"高速车、铣加工过程中自激振动结构再生颤振可靠性及应用研究"等，积累了一定的经验。

基于此，本书介绍了颤振预测相关的理论方法，并给出作者团队自行设计的颤振预测分析软件系统，包括同步采集和叶瓣图的程序实现方法，希望能对相关人员有一定的借鉴作用。全书共9章。第1章介绍加工动力学研究的一些基本问题。第2章是切削加工动力学的一些基本理论。第3章介绍机器人铣削加工中的模态耦合颤振。第4、5章针对机床颤振分析过程中存在的随机和时变两种不确定性问题，提出了颤振可靠性叶瓣图方法。第 6 章介绍颤振检测方法。第 7 章介绍车削颤振稳定性分析预测软件系统，涉及触发采集、预触发等关键技术及叶瓣图的生成和裁剪算法。第 8 章阐述铣削加工过程的有限元仿真方法。第 9 章介绍应用于骨科手术机器人的骨材料切削基本方法。

本书由东北大学刘宇和何凤霞撰写，刘宇负责全书的统稿工作。硕士研究生于野在本书出版过程中做了大量的文字核校和图表绘制工作，硕士研究生张栋、张春雷、陈启森、曲建豪、魏希来、董秋实、郭昌蔚等在本书写作过程中给予了大力支持，在此表示感谢。本书相关研究得到国家自然科学基金面上项目以及中央高校基本科研业务费项目"膝关节置换机器人骨铣削切削机理及振动特性研究"的资助，在此表示感谢！

由于作者水平有限，书中难免存在不足之处，敬请广大读者批评指正。

作　者

2020 年 1 月

目　　录

第1章 绪 论

加工动力学主要研究加工过程中由加工设备(机床或机械手)、刀具以及工件组成系统的动态特性分析方法,其理论研究有助于提高加工质量、减少加工过程中的振动、提高加工效率及优化工艺参数等。本章介绍本书相关内容的研究发展脉络,以期使读者对该领域的现状有初步的认识。

1.1 传统加工动力学研究

车和铣等加工过程会发生颤振现象,在过去的几十年,人们已经对其进行了大量研究,并提出了稳定性叶瓣图(stability lobe diagrams, SLD)的方法。稳定性叶瓣图是根据主轴转速判断极限切削深度的依据。

加拿大的 Altintas 对车削、铣削、钻削、立铣、端铣和球头铣刀等在加工过程中的颤振预测进行了大量研究。他认为铣削加工过程中的颤振预测在线性范围内已经有了足够的研究,只有非线性领域还有待解决的问题。Altintas 的理论研究为抑制颤振和选择最佳切削参数等奠定了理论基础。

车削加工稳定性叶瓣图绘制比较简单。在很长一段时间里,铣削加工稳定性叶瓣图的绘制方法以 Altintas 等[1]于 1995 年提出的利用傅里叶级数近似切削力系数的零阶近似(zeroth order approximation, ZOA)法为主。近些年才提出一种将切削过程离散的思想,对于与时间有关的参数,用前后两个离散时刻的值进行线性插值近似,从而把延时微分方程转换为多个常微分方程,并且联合多个常微分方程获得一个系数矩阵,根据系数矩阵的特征值判断切削系统的稳定性。Insperger 等[2]于 2004 年对其进行了改进,把切削力离散化的方法称为半离散方法(semi-discretization method, SDM);Ding 等[3]于 2010 年将状态向量离散化的方法称为全离散方法(full discretization method, FDM)。

绘制稳定性叶瓣图需要准确获得描述相关结构薄弱模态的参数,并假设参数不随时间和机床的运动而变化。此外,这种方法需要专业人员根据所使用的不同刀具和加工工艺进行分析,优化主轴转速和切削深度。

将分析颤振所需的软硬件集成为一个系统将会极大地方便最终用户。美国的 MLI(Manufacturing Laboratory Incorporation)、BuleSwarf 公司和佛罗里达大学机床研究中心对此类系统进行了比较深入的研究。MLI 开发了 MetalMax 系统,用户可以通过用力锤敲击加工中心主轴中刀具的方式来找出最优主轴转速,该系统硬件由一个 4 通道采集系统、PCB 公司的模态力锤 086C03 和加速度传感器组成;目前他们在探索机床基因组项目中,拟收集更多的机床频率特性特征,联合更多的机床和刀具生产企业建立切削数据库,方便用户选择最优切削参数。国内对这方面的重视程度不够,还需要机床制造商和科研机构共同努力。

振动与噪声技术的研究离不开测试仪器和实验的支持。丹麦 B&K 公司是振动和噪声测试领域的龙头企业,从 20 世纪 60 年代开始研制传感器、采集系统和分析软件等。目前,B&K 公司的测试和分析设备仍然是应用最广的。比利时 LMS 公司在振动测试和分析领域取得了很大的进展,并提出测试和仿真一体化的理念,这将是一种新的趋势。在我国,北京东方振动和噪声技术研究所生产的 INV 系列采集系统和 DASP 软件应用较广。另外,江苏联能电子技术有限公司、江苏东华测试技术股份有限公司等在数据采集、快速傅里叶变换(FFT)、倍频程分析和模态分析等方面也取得了一定的成绩。

1.2　加工过程不确定性问题的影响

尽管国内外对颤振进行了大量的研究,但是颤振预测理论成果的应用仍然十分有限,主要原因是颤振预测所需参数测试难度较大且不容易准确测量,根据测量的参数获得的稳定性叶瓣图不能可靠地预测颤振。机床使用者往往通过牺牲加工效率来避免颤振的发生,而不是依靠颤振预测结果优化加工工艺,这也限制了颤振预测研究的进一步发展。近几年,有学者提出影响颤振预测准确性的一个新的重要问题——机床动态特性存在不确定性参数时的颤振预测问题,即在铣削过程中存在尺寸效应、最小切削厚度效应、低进给速度下的过程阻尼、刀具径向跳动、参数分布不确定性和磨损造成的刀刃半径时变不确定性等,同时提出鲁棒预测、模糊算法和概率方法等不确定性颤振预测方法,旨在提高颤振预测的可靠性。

2006 年,Duncan 等[4]最早提出铣削颤振预测中的不确定性问题,指出切削力系数和切削角等随机参数导致传统颤振理论获得的结果不准确,理论分析结果与实验结果不相符等。为此,他们在稳定性叶瓣图的基础上,计算了置信度为 0.95 的切削宽度范围。2010 年,Sims 等[5]采用模糊算法研究具有不确定切削力系数和切削角的铣削颤振预测问题,根据不确定参数的范围,利用模糊算法获得不确定参数具有 9 种模糊度时对应的模糊稳定性叶瓣图。结果表明,通过不确定参数获得的稳定性不是由确定参数获得叶瓣图的简单修改,而是需要严谨的理论分析。Park 等[6,7]和 Graham 等[8]基于控制理论中棱边理论和剔零原理等鲁棒算法对传统铣削和微铣削颤振预测进行了研究。2009 年,Totis[9]基于改进的半离散法,考虑参数随机分布特征，提出了颤振稳定性判定的标准。2012 年，Zhang 等[10]提出了利用随机参数均值加减标准差的方法计算稳定性叶瓣图的上下边界。

本书作者课题组针对存在不确定参数的颤振预测，引入可靠性理论进行分析。首先，针对以车削加工系统动力学参数(质量 m、阻尼 c、刚度 k 和主轴转速 Ω 等变量)为随机分布参数的情况，建立可靠性模型，采用一次二阶矩、二次四阶矩等方法进行可靠度计算，并提出可靠性叶瓣图的概念。其次，对于微铣削加工中刀具刀刃磨损的情况，建立微铣削加工颤振时变可靠性模型，并进行可靠度计算。

1.3 机器人铣削加工

在大型零部件的装配加工过程中，机器人以其灵活性、操作可达性以及所需安装空间小等优势越来越受到关注，尤其在飞机制造行业，机器人加工有良好的应用前景。

与传统多轴加工中心相比，机器人加工系统能够灵活地在装配现场进行作业，能快速地更换末端执行器以执行不同任务，且经济性好。随着机器人技术的不断发展，用于机械制造业的工业机器人不断增加，并逐步应用于机器人加工领域，进行钻、磨、铣和镗等切削加工。机器人加工系统如图 1.1 所示。

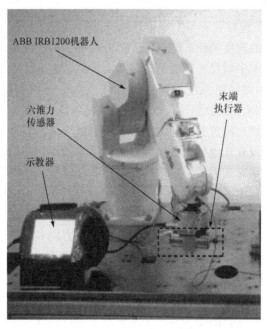

图 1.1 机器人加工系统

　　机器人刚度小，与机床切削刚度的数量级接近，这导致在加工过程中存在模态耦合颤振，这是一个限制机器人在加工领域广泛使用的关键问题。1998 年，Gasparetto[11]首次提出了加工过程中模态耦合颤振发生的判定条件。2006 年，Pan 等[12]首次利用 ABB 公司的六自由度工业机器人证实了铣削加工过程中存在模态耦合颤振现象，并进一步阐述了颤振的机理，提出了颤振发生的判定条件。近期，有关机器人加工的研究主要围绕位姿优化和模态耦合颤振抑制展开，例如 2018 年，Mousavi 等[13]针对第六轴冗余现象进行研究；2017 年，Cen 等[14]提出附加刚度模型，认为切削过程中切削力对机器人结构产生附加刚度，并进一步通过改变附加刚度抑制模态耦合颤振。

　　机器人加工过程中模态耦合颤振研究的关键问题是切削力的假设和简化、结构的动力学建模以及刀尖点刚度的获得。

　　串联机器人具有冗余自由度，而且机器人的运动学逆解不唯一，这导致机器人加工有很多可选的位姿。在加工时选择什么位姿、评价该位姿的指标等是目前比较热门的研究问题。

1.4　骨材料加工

　　当前，骨移植和关节置换是两种常见的骨科手术，每年进行的手术数量巨大。据报道，北京某医院骨科近五年中每年进行矫形手术超过 3500 例，关节置换手术每年以 20%～30%的速度增长。但是，大部分骨科手术仍处于由医生采用电动工具操作的阶段，手术中对尺寸精度的控制能力较弱。为此，少数医疗条件较好的医院引入了双目图像导航系统。将患者身体或离体骨材料的计算机断层扫描(computed tomography, CT)数据导入双目图像导航系统，可在计算机软件中显示刀具和骨材料之间的相对位置关系。国内一家大型医院采用双目图像导航系统进行的骨移植手术每年仅有几十例，占医院骨移植手术的比例还很小。虽然双目图像导航系统对手术质量有极大的提升作用，但刀具的操作仍由医生来完成。

　　近年，机器人技术的发展推动了骨切削机器人的出现。骨切削机器人是集工业机器人技术、计算机图像学、空间导航、骨切削机理、医学和软件工程等多学科于一体的产物。虽然国内外学者分别从各自学科方向对其进行了大量研究，但是能够应用于临床的骨切削机器人并不多，主要有美国 Mako 公司的 Mako Plasty 系统、英国帝国理工学院 MIM 实验室的 Acrobot 系统、日本东京大学的 MIS-UKA 系统以及我国北京天智航医疗科技股份有限公司的"天玑"骨科手术机器人等。

　　骨切削机理的研究目的是为骨科手术机器人选择合理加工参数和骨切削刀具的几何参数优化设计提供理论依据，但研究受制于观测仪器和设备。学者主要通过实验确定切削参数与单一变量(骨破裂、温度、切削力和切屑成型)之间的关系。

参 考 文 献

[1] Altintas Y, Budak E. Analytical prediction of stability lobes in milling[J]. CIRP Annals—Manufacturing Technology, 1995, 44(1): 357-362.

[2] Insperger T, Stépán G. Updated semi-discretization method for periodic delay-differential equations with delay[J]. International Journal for Numerical Methods in Engineering, 2004, 61(1): 117-141.

[3] Ding Y, Zhu L, Zhang X, et al. A full-discretization method for prediction of milling stability[J]. International Journal of Machine Tools and Manufacture, 2010, 50 (5): 502-509.

[4] Duncan G S, Kurdi M H, Schmitz T L, et al. Uncertainty propagation for selected analytical milling stability limit analyses[C]. 34th North American Manufacturing Research Conference, Milwaukee, 2006: 17-24.

[5] Sims N D, Manson G, Mann B. Fuzzy stability analysis of regenerative chatter in milling[J]. Journal of Sound and Vibration, 2010, 329(8): 1025-1041.

[6] Park S S, Rahnama R. Robust chatter stability in micro-milling operations[J]. CIRP Annals—Manufacturing Technology, 2010, 59(1): 391-394.

[7] Park S S, Qin Y M. Robust regenerative chatter stability in machine tools[J]. International Journal of Advanced Manufacturing Technology, 2007, 33(3-4): 389-402.

[8] Graham E, Mehrpouya M, Nagamune R, et al. Robust prediction of chatter stability in micro milling comparing edge theorem and LMI[J]. CIRP Journal of Manufacturing Science and Technology, 2014, 7(1): 29-39.

[9] Totis G. A new method for robust chatter prediction in milling[J]. International Journal of Machine Tools and Manufacture, 2009, 49(3-4): 273-284.

[10] Zhang X M, Zhu L M, Ding H, et al. Numerical robust stability estimation in milling process[J]. Chinese Journal of Mechanical Engineering, 2012, 25(5): 953-959.

[11] Gasparetto A. A system theory approach to mode coupling chatter in machining[J]. Journal of Dynamic Systems Measurement and Control, 1998, 120(4): 545-547.

[12] Pan Z X, Hui Z, Zhu Z Q, et al. Chatter analysis of robotic machining process[J]. Journal of Materials Processing Technology, 2006, 173(3): 301-309.

[13] Mousavi S, Gagnol V, Bouzgarrou B C, et al. Stability optimization in robotic milling through the control of functional redundancies[J]. Robotics and Computer Integrated Manufacturing, 2018, 50: 181-192.

[14] Cen L, Melkote S N. CCT-based mode coupling chatter avoidance in robotic milling[J]. Journal of Manufacturing Processes, 2017, 29(10): 50-61.

第 2 章 切削加工过程中的颤振分析方法

自激振动是指当外部激励不是周期性的，而是恒定的激励时，切削系统因失去稳定性而产生的一种振动。例如，在车削过程中，车床通过刀具传动系统以恒定的力推动刀具前进，进而对切削系统施加恒定的激励，其方向和幅值不发生改变。切削加工过程中出现的颤振是一种自激振动。颤振会带来很多弊端，例如，颤振使工件表面产生振纹，在影响表面质量的同时会降低生产效率；颤振程度强烈，会损坏刀具、缩短刀具的使用寿命，严重时还会造成经济损失或人员伤亡。因此，对机床颤振预防和处理的研究具有十分重要的意义。

切削过程颤振主要有再生颤振和模态耦合颤振两种，可以认为机床加工中的颤振以再生颤振为主，机器人切削加工中的颤振以模态耦合颤振为主。本章主要针对再生颤振展开介绍，模态耦合颤振的相关内容将在第 3 章进行阐述。

2.1 车削加工中的再生颤振

车削加工是一种正交加工，几乎所有的切削动力学书籍对颤振的介绍都始于正交加工。但是，车削加工中存在外圆车削和端面车削两种加工形式，在分析颤振时两种加工形式对应的动力学模型不同，因此在进行试验研究时应根据加工形式来测试刀具不同方向的频率响应函数(简称为频响函数)。当然，刀具系统和工件哪个的刚性更弱也是需要考虑的问题。下面假设工件刚性更强，刀具系统刚性较弱。例如，要车削大直径的工件，工件夹具的刚性也得强。此时，切削过程中的振动主要是刀具的振动。

2.1.1 外圆车削加工动力学模型

车削加工系统中刀具主要存在 x 和 z 两个方向的振动。采用外圆车削加工方式时，刀具 z 向振动会导致再生颤振；采用端面车削加工方式时，刀具 x 向振动会导致再生颤振。

对于忽略刀尖半径的外圆车削，其车削加工系统动力学模型如图 2.1 所示。对该动力学模型进行以下假设：①工件刚性良好，刀架系统是整个切削系统的薄弱环节，也是车削加工系统的主振系统；②振动系统是线性的，振动系统的弹性恢复力与振动位移成正比；③动态切削力的方向与稳态切削力的方向一致，同时，阻尼力与主振系统的振动速度成正比；④切削厚度的动态变化只由再生效应产生。

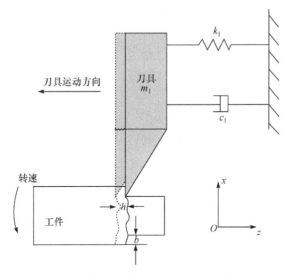

图 2.1　外圆车削加工系统的动力学模型

在车削加工过程中必然存在刀具的振动，在加工表面留下振纹。当主轴旋转到第二转时，实际的切削进给量就不是给定的常数，而是受当前时刻及前一转时刀具振动位移的影响。

设名义进给量是 h_{st}，h 为实际进给量，即实际切削厚度，$z(t)$ 是在 t 时刻刀尖在 z 方向的振动位移，则

$$h = h_{st} - z(t) + z(t-T) \tag{2.1}$$

式中，T 为主轴旋转周期。

进给力可表示为

$$F = K_s h b \tag{2.2}$$

式中，K_s 为切削力系数；b 为切削深度。

刀尖切削系统的动力学方程，即车削加工过程中再生颤振的数学模型为

$$m_1 \ddot{z} + c_1 \dot{z} + k_1 z = K_s b(h_{st} - z(t) + z(t-T)) \tag{2.3}$$

式中，m_1 为 z 向模态质量；c_1 为 z 向模态阻尼；k_1 为 z 向模态刚度。

2.1.2　端面车削加工动力学模型

端面车削加工系统的动力学模型如图 2.2(a)所示，其中，F 是切削力，F_n 和 F_t 分别为法向和切向切削力，β 是 F_n 和 F 的夹角，a 是切削宽度，h 是连续两转之间的切削厚度的变化。

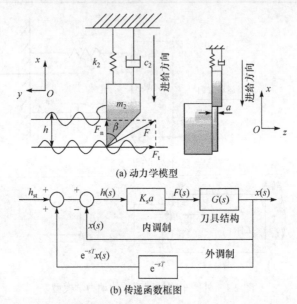

(a) 动力学模型

(b) 传递函数框图

图 2.2　端面车削加工系统的动力学模型及传递函数框图

动态切削力沿刀具振动方向为

$$F(t) = K_s a h(t) \tag{2.4}$$

$$h(t) = h_{st} + x(t-T) - x(t) \tag{2.5}$$

$$T = \frac{60}{\Omega} \tag{2.6}$$

式中，a 为切削宽度(m)；Ω 为主轴转速(r/min)。

机床振动系统的动态微分方程为

$$m_2 \ddot{x}(t) + c_2 \dot{x}(t) + k_2 x(t) = K_s a(h_{st} - x(t) + x(t-T)) \tag{2.7}$$

式中，m_2 为振动系统 x 向的模态质量(kg)；c_2 为振动系统 x 向的模态阻尼(N·s/m)；k_2 为振动系统 x 向的模态刚度(N/m)。

端面车削加工系统传递函数框图如图 2.2(b)所示。刀具结构振动位移 $x(s)$ 延时反馈到实际切削厚度 h，可以通过该反馈系统的稳定性判断颤振是否发生。

2.1.3　车削加工稳定性叶瓣图

式(2.3)和式(2.7)描述的动力学系统是一个延时微分方程，以端面车削加工为例，将式(2.7)进行拉普拉斯变换得到

$$m_2 s^2 x(s) + c_2 s x(s) + k_2 x(s) = K_s a(h_{st} - x(s) + e^{-sT} x(s)) \tag{2.8}$$

在拉普拉斯域中，动态进给量为

$$h(s)=h_{st} - x(s) + e^{-sT} x(s)=h_{st} + (e^{-sT} -1)x(s) \tag{2.9}$$

则动态切削力为

$$F(s) = K_s a h(s)$$

假设工件结构的传递函数为 $G(s)$，可得

$$x(s) = G(s)F(s)=G(s)K_s a h(s) \tag{2.10}$$

将式(2.10)代入式(2.9)，可构造出以名义进给量为系统输入和以动态进给量为系统输出的闭环传递函数：

$$\frac{h(s)}{h_{st}} = \frac{1}{1+(1-e^{-sT})G(s)K_s a} \tag{2.11}$$

采用该方式有三个原因：①以此方式构造闭环传递函数，系统的特征方程简单，分析容易；②以名义进给量为系统输入和以振动位移 $x(s)$ 为系统输出构造闭环传递函数，系统的特征方程复杂，分析困难；③稳定性是线性系统的一个属性，只与系统本身的结构参数有关，与输入输出无关，无论用哪种方式构造闭环传递函数，系统的稳定性均相同。

由控制理论可知，线性系统的稳定性由该闭环传递函数特征方程 $1+(1-e^{-sT})\times G(s)K_s a=0$ 的根确定，当特征根 $s=i\omega$ 时，系统处于临界稳定状态，工件以颤振频率和恒定振幅持续振动。颤振频率不等于固有频率，但是接近且大于固有频率。对于临界稳定状态，极限切削宽度 a_{lim} 为

$$1+(1-e^{-i\omega T})G(i\omega_c)K_s a_{lim}=0 \tag{2.12}$$

式中，ω_c 为颤振频率(rad/s)。

由欧拉公式 $e^{-ix}=\cos x-i\sin x$ 可得

$$1+(1-(\cos(\omega_c T) - i\sin(\omega_c T)))G(i\omega_c)K_s a_{lim}=0 \tag{2.13}$$

设 $G(i\omega_c)=P+iH$，将式(2.13)展开为

$$1+ (P(1-\cos(\omega_c T)) - H\sin(\omega_c T))K_s a_{lim} + i(P\sin(\omega_c T)+H(1-\cos(\omega_c T))K_s a_{lim}) = 0 \tag{2.14}$$

式(2.14)成立的条件为实部和虚部均为零，即

$$1+ (P(1-\cos(\omega_c T)) - H\sin(\omega_c T))K_s a_{lim} = 0 \tag{2.15a}$$

$$P\sin(\omega_c T)+H(1-\cos(\omega_c T))K_s a_{lim} = 0 \tag{2.15b}$$

由于虚部必须为零且极限切削宽度不等于零，将式(2.15b)重新整理为

$$\tan\psi=\frac{H}{P} = \frac{\sin(\omega_c T)}{\cos(\omega_c T)-1} \tag{2.16}$$

式中，ψ 为工件结构传递函数的相移(rad)。

由实部必须为零可求得极限切削宽度，将式(2.15a)重新整理为

$$a_{\text{lim}} = -\frac{1}{(1-\cos(\omega_c T) - (H/P)\sin(\omega_c T))K_s P} \tag{2.17}$$

将式(2.16)代入式(2.17)可得

$$a_{\text{lim}} = -\frac{1}{2K_s P} \tag{2.18}$$

因为极限切削宽度是正实数，所以 P 要取值为负数。这说明绘制稳定性叶瓣图的第一步是寻找传递函数实部 P 小于零的部分，其实质就是寻找可能的颤振频率。因为在每一个颤振频率出现时，本次切削和上次切削振动位移之间的相位差 ε(rad) 与之一一对应，所以绘制稳定性叶瓣图的第二步是计算相位差 ε。

利用三角函数倍角公式重新整理式(2.16)，可得

$$\tan\psi = -\frac{\cos(\omega_c T/2)}{\sin(\omega_c T/2)} = \tan(\omega_c T/2 - 3\pi/2) \tag{2.19}$$

由式(2.19)可得

$$\omega_c T = 3\pi + 2\psi \tag{2.20}$$

若刀具颤振频率为 ω_c(rad/s)或 f_c(Hz)，主轴每转一周在工件表面上留下的振纹数为

$$f_c T = k + \frac{\varepsilon}{2\pi} \tag{2.21}$$

式中，k 为振纹数的整数部分；$\varepsilon/(2\pi)$ 为振纹数的小数部分。

将式(2.21)左右两边同时乘以 2π，可得

$$2\pi f_c T = 2k\pi + \varepsilon = \omega_c T \tag{2.22}$$

联立式(2.20)和式(2.22)，因为反正切函数的值域是 $(-\pi/2, \pi/2)$，在计算 ε 时必须满足 $0 \leqslant \varepsilon < 2\pi$，所以相位差 ε 为

$$\varepsilon = 3\pi + 2\psi \tag{2.23}$$

式(2.23)可以写为

$$\varepsilon = \begin{cases} \pi - 2\arctan(H/P), & H \geqslant 0 \\ \pi + 2\arctan(H/P), & H < 0 \end{cases}$$

相位差 ε 计算完成后，由式(2.23)还可以求得主轴旋转周期 T，将式(2.24)代入式(2.6)进而可计算出主轴转速，所以绘制稳定性叶瓣图的第三步是计算出主轴转速 Ω。

$$T = \frac{2k\pi + \varepsilon}{2\pi f_c} \tag{2.24}$$

典型的稳定性叶瓣图如图 2.3 所示，主轴转速与切削宽度的关系曲线将空间分成不稳定和稳定两个区域。出现在稳定性边界上方的任何(Ω, a)表示不稳定的行为，边界以下的任何加工参数都被认为是稳定的。

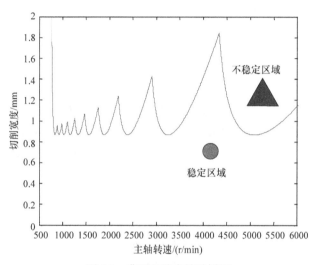

图 2.3　典型的稳定性叶瓣图

2.2　车削颤振时域仿真

稳定性叶瓣图是以位移频响函数为基础获得的，其给出了主轴转速-切削深度加工参数的稳定情况。然而在实际应用中，通常难以获得加工过程中动态力和位移等参数的时间历程，也难以在高性能数控系统中进行集成，从而限制了这种方法的广泛应用。时域仿真是对车削进给力和结构振动进行数值模拟，能够直观地获得系统稳定性结果。

2.2.1　欧拉法时域仿真

外圆车削加工系统时域仿真就是对微分方程(2.25)初值问题的求解[1]：

$$\begin{cases} m\ddot{z} + c\dot{z} + kz = K_s b(h_{st} - z(t) + z(t-T)) \\ z(0) = z_0 \\ \dot{z}(0) = 0 \\ \ddot{z}(0) = 0 \end{cases} \tag{2.25}$$

将微分方程离散化为

$$
\begin{cases}
F_i = K_s b(h_{st} - z_i + z_{i-n}) \\
\ddot{z}_{i+1} = \dfrac{F_i - K_s z_i - c z_i}{m} \\
\dot{z}_{i+1} = \dot{z}_i + \ddot{z}_{i+1} \Delta t \\
z_{i+1} = z_i + \dot{z}_{i+1} \Delta t \\
\ddot{z}_0 = 0 \\
\dot{z}_0 = \dfrac{h_{st} \Omega}{60} \\
z_i = 0, \quad i \leqslant 0 \\
N = T / \Delta t
\end{cases}
\tag{2.26}
$$

式中, z_i 为 i 时刻刀尖点振动位移; N 为延迟因子; Δt 为时间间隔。

采用数值积分法进行时域仿真时, 若步长过大, 则算法误差增大; 若步长过小, 则累计误差增大。因此采用一种变步长方法, 根据主轴转速自动选择仿真步长, 步长计算公式为

$$
\Delta t = \frac{60}{N\Omega}
\tag{2.27}
$$

$$
N = \begin{cases}
5000, & \Omega \leqslant 1000\text{r/min} \\
2250, & 1000\text{r/min} < \Omega \leqslant 10000\text{r/min} \\
1500, & \Omega > 10000\text{r/min}
\end{cases}
\tag{2.28}
$$

考虑到在加工过程中, 振动量过大时, 刀尖点有可能出现脱刃的情况, 在数学模型的计算过程中, 力会出现负值。为了避免这种情况, 根据实际情况, 设定当出现脱刃的情况, 即切削深度小于或等于零时切削振动力为零, 这样就可以避免时域仿真过程中出现振幅无限大和力为负值的情况。

2.2.2 车削颤振仿真算例

设定固有参数如下: 固有频率为 347Hz, 阻尼为 116.39N·s/m, 刚度为 1.48×10^6N/m, 切削力系数为 2×10^9N/m^2, 进行仿真, 并结合稳定性叶瓣图方法进行对比预测。

1. 绝对稳定切削深度

由稳定性叶瓣图可知, 系统存在一个绝对稳定切削深度, 当切削深度低于绝对稳定切削深度时, 是绝对不会发生颤振的。选取叶瓣中 1100~1600r/min 转速范围内最低切削深度对应的主轴转速, 由稳定性叶瓣图获得绝对稳定切削深度, 如表 2.1 所示。

表 2.1　绝对稳定极限切削深度

主轴转速/(r/min)	1186	1257	1336	1426	1527
绝对稳定极限切削深度/mm	0.1281	0.1281	0.1281	0.1281	0.1281

由理论方法获得的稳定性叶瓣图如图 2.4 所示，表 2.1 对应图中 $A \sim E$ 点。

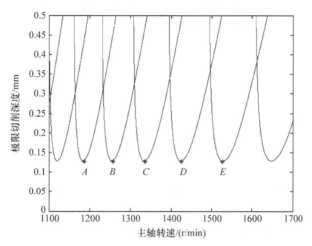

图 2.4　不同主轴转速下的稳定性叶瓣图

取稳定性叶瓣图上的绝对稳定极限切削深度，进行时域仿真得到振动信号，如图 2.5 和图 2.6 所示。

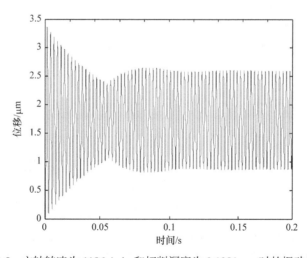

图 2.5　主轴转速为 1186r/min 和切削深度为 0.1281mm 时的振动信号

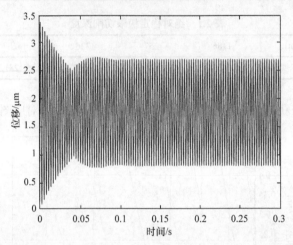

图 2.6　主轴转速为 1426r/min 和切削深度为 0.1281mm 时的振动信号

2. 主轴转速相同、切削深度不同

设定主轴转速为 1600r/min，切削深度从 0.1mm 增加到 0.45mm。工艺参数点如图 2.7 中点 $A_2 \sim G_2$ 所示。图 2.7 中，$A_2 \sim C_2$ 点位于稳定性叶瓣图曲线下方，为不发生颤振的稳定区域；$E_2 \sim G_2$ 点位于稳定性叶瓣图曲线上方，为发生颤振的非稳定区域。

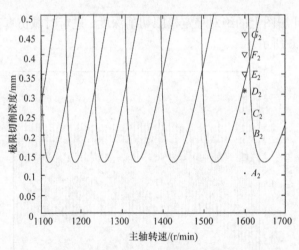

图 2.7　主轴转速为 1600r/min 时不同切削深度在稳定性叶瓣图上的位置

D_2 点切削深度为 0.3075mm，时域仿真中车削加工系统出现稳定的等幅振动，即临界稳定切削深度。由稳定性叶瓣图方法获得的临界稳定切削深度为 0.3274mm。

采用上述参数，对再生颤振进行时域仿真，得到的最终结果和部分振动信号图如表 2.2 以及图 2.8～图 2.10 所示。

表 2.2 主轴转速为 1600r/min 时的时域仿真结果

切削深度/mm	0.1	0.2	0.25	0.3075	0.35	0.4	0.45
颤振情况	无	无	无	临界	颤振	颤振	颤振

分别取表 2.2 中不发生颤振、临界状态以及发生颤振这三种情况下的切削深度进行时域仿真。

当切削深度为 0.25mm 时，不发生颤振，振动信号在经历一段时间振荡后就

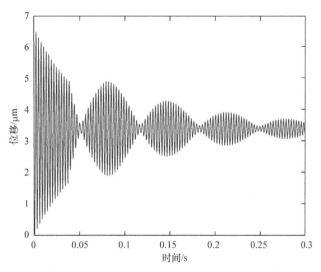

图 2.8 主轴转速为 1600r/min 和切削深度为 0.25mm 时的振动信号

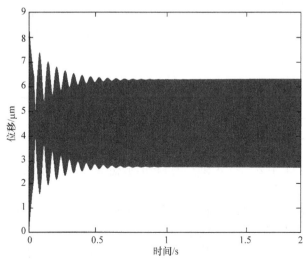

图 2.9 主轴转速为 1600r/min 和切削深度为 0.3075mm 时的振动信号

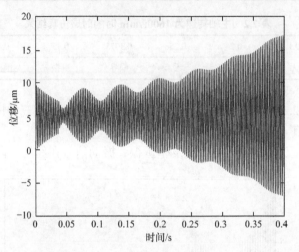

图 2.10　主轴转速为 1600r/min 和切削深度为 0.3775mm 时的振动信号

归于平衡位置，振动信号如图 2.8 所示。

当切削深度为 0.3075mm 时，车床处于临界状态，振动信号并没有衰减，而是继续做等幅振动，振动信号如图 2.9 所示。

当切削深度为 0.3775mm 时，车床处于颤振状态，振动信号并没有衰减，且振幅逐渐增加，直到发生脱刃，这对车削加工系统是非常危险的，其振动信号如图 2.10 所示。

3. 切削深度相同、主轴转速不同

当主轴转速不同、切削深度为 0.2mm 时，颤振情况如表 2.3 和图 2.11 所示。由图 2.11 可知，如果切削深度保持不变，只改变切削时的主轴转速，那么当切削深度大于主轴转速对应的临界稳定切削深度时，车削加工系统会失去稳定，发生颤振，如 a、b 和 d 点等。

表 2.3　切削深度为 0.2mm 的时域仿真结果

主轴转速/(r/min)	1200	1250	1300	1350	1400	1450	1500	1550
颤振情况	颤振	颤振	无	颤振	无	颤振	无	颤振

分别取图 2.11 中 a、c、e 和 f 点进行时域仿真，并将得出的结果和稳定性叶瓣图的结果进行对比。

当主轴转速为 1200r/min 时，即 a 点，振动信号并没有衰减，且振幅逐渐增加，直到发生脱刃，振动信号如图 2.12 所示。

当主轴转速为 1300r/min 时，即 c 点，振幅迅速变小，刀尖点很快就停止振动，处于平衡位置，其振动信号如图 2.13 所示。

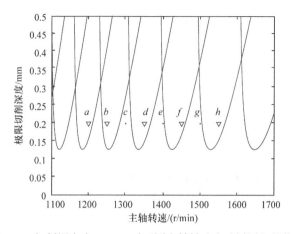

图 2.11　切削深度为 0.2mm 时不同主轴转速在叶瓣图上的位置

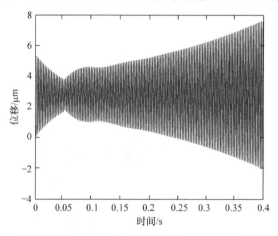

图 2.12　切削深度为 0.2mm 和主轴转速为 1200r/min 时的振动信号

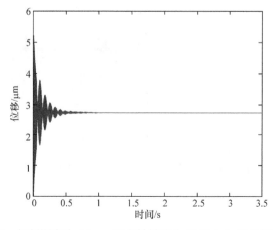

图 2.13　切削深度为 0.2mm 和主轴转速为 1300r/min 时的振动信号

当主轴转速为 1400r/min 时，即 *e* 点，车床处于无颤振的状态，振幅迅速变小，其振动信号如图 2.14 所示。

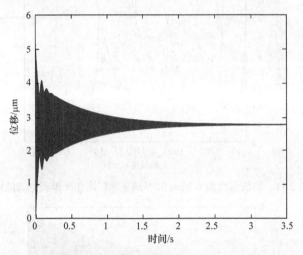

图 2.14　切削深度为 0.2mm 和主轴转速为 1400r/min 时的振动信号

当主轴转速为 1450r/min 时，即 *f* 点，车床处于颤振的状态，振幅迅速变大，最后发生脱刃，其振动信号如图 2.15 所示。

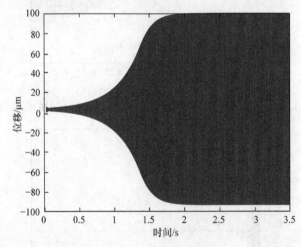

图 2.15　切削深度为 0.2mm 和主轴转速为 1450r/min 时的振动信号

当主轴转速为 1450r/min 和切削深度为 0.2mm 时，动态切削力振动信号如图 2.16 所示。

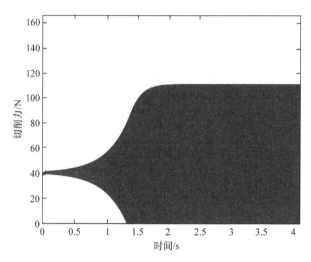

图 2.16　切削深度为 0.2mm 和主轴转速为 1450r/min 时的切削力信号

4. 仿真误差分析

通过时域仿真和稳定性叶瓣图方法的比较，发现两者存在一些误差，如在对比临界切削深度时，由稳定性叶瓣图方法与时域仿真得出的临界切削深度值均约为 0.1281mm。偏差范围的大小与时域仿真过程中延迟因子 N 的取值有关。

当主轴转速为 1600r/min 时，选择延迟因子为 2250，步长为 1/60000s，则时域仿真的临界切削深度和稳定性叶瓣图方法几乎相等，均为 0.3274mm。N 取值在 [2000, 3000] 内时算法收敛。

当改变延迟子为 375、步长为 1/10000s 时，经时域仿真得到的临界切削深度和由稳定性叶瓣图方法得到的临界切削深度不再相等，前者为 0.3075mm，而后者仍为 0.3274mm。

2.2.3　四阶龙格-库塔法时域仿真

初值问题形式的外圆车削加工系统动力学方程如式(2.25)所示，为二阶微分方程，利用其进行力求解的过程为

$$
\begin{cases}
F_{i+1} = F_i + \dfrac{\Delta t}{6}\left(\mathrm{FK}_1 + 2\mathrm{FK}_2 + 2\mathrm{FK}_3 + \mathrm{FK}_4\right) \\[2mm]
\mathrm{FK}_1 = \dfrac{K_s b\left(h_{\mathrm{st}} - z_i + z_{i-N}\right)}{m} \\[3mm]
\mathrm{FK}_2 = \dfrac{K_s b\left(h - z_i + z_{i-N} + \dfrac{\Delta t}{2}\mathrm{YK}_1\right)}{m} \\[4mm]
\mathrm{FK}_3 = \dfrac{K_s b\left(h - z_i + z_{i-N} + \dfrac{\Delta t}{2}\mathrm{YK}_2\right)}{m} \\[4mm]
\mathrm{FK}_4 = \dfrac{K_s b\left(h - z_i + z_{i-N} + \dfrac{\Delta t}{2}\mathrm{YK}_3\right)}{m}
\end{cases}
\tag{2.29}
$$

振动位移求解过程为

$$
\begin{cases}
z_{i+1} = z_i + \dfrac{\Delta t}{6}\left(\mathrm{YK}_1 + 2\mathrm{YK}_2 + 2\mathrm{YK}_3 + \mathrm{YK}_4\right) \\[2mm]
\mathrm{YK}_1 = z_i \\[2mm]
\mathrm{YK}_2 = z_i + \dfrac{\Delta t}{2}\mathrm{YK}_1 \\[2mm]
\mathrm{YK}_3 = z_i + \dfrac{\Delta t}{2}\mathrm{YK}_2 \\[2mm]
\mathrm{YK}_4 = z_i + \dfrac{\Delta t}{2}\mathrm{YK}_3
\end{cases}
\tag{2.30}
$$

式中，FK_1、FK_2、FK_3、FK_4 分别是使用四阶龙格-库塔法求解力时的不同点的函数值；YK_1、YK_2、YK_3、YK_4 分别是使用四阶龙格-库塔法求解位移时的不同点的函数值；z_i 为 i 时刻刀尖点振动位移；z_{i-N} 为 $i-N$ 时刻刀尖点振动位移；F_i 为 i 时刻的动态切削力；N 为延迟因子。

2.3 铣削加工再生颤振预测方法

对于再生颤振的理论预测，目前仍然采用稳定性叶瓣图方法，将主轴转速-切削深度平面分成颤振和稳定两个区域，通过加工参数所在区域来判断系统是否发生颤振。铣削加工与车削加工颤振分析的不同之处在于，铣削加工中切削力与刀具振动位移之间的切削力系数随刀齿角度的变化而变化。铣削加工中存在两个方向的自由度，而车削加工根据需要也可以考虑两个方向的自由度。

关于颤振预测有四种经典方法，可分为传统预测方法和现代预测方法。传统预测方法包括平均刀齿角法和零阶近似法，现代预测方法包括半离散法和全离散法。

2.3.1 平均刀齿角法

平均刀齿角(average tooth angle，ATA)法是在车削颤振分析基础上扩展获得的，是一种早期的简单处理办法。其核心思想是忽略在延迟周期内切削力系数随时间的变化，这种简化其实是比较随意的。

1. 铣削系统

典型的铣削系统由主轴、刀具和工件组成。通常，刀具系统相对柔性更大，工件可以认为是刚性的。铣削系统原理如图 2.17 所示[2]。其中，c_1、k_1、c_2、k_2 分别为铣刀的两组模态阻尼和模态刚度，β 是动态力和名义切削力方向之间的夹角，ϕ 是转角，$h(t)$ 是当前时刻和前一刀齿周期之间的动态切削厚度。假设刀具有 N 个螺旋角为 0° 的刀齿。刀具的柔性用 x 和 y 两个方向的二自由度系统表示。

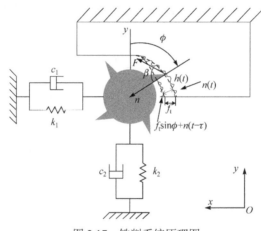

图 2.17　铣削系统原理图

铣削系统是典型的位移延时负反馈系统，其中切削力是当前时刻和前一刀齿周期刀具振动位移的函数。

2. 铣削过程动态力

如图 2.17 所示，铣削系统动态切削力为

$$F(t) = K_s b h(t) \tag{2.31}$$

式中，$F(t)$ 为动态切削力(N)；b 为切削深度(m)；K_s 为切削力系数(N/m²)；

$$h(t) = f_t \sin \phi + n(t - \tau) - n(t) \tag{2.32}$$

这里，f_t 为每齿进给量；$f_t \sin \phi$ 为切削厚度的静态成分；$n(t-\tau)$ 和 $n(t)$ 之差为沿着法向的切削厚度动态成分；t 为时间变量；τ 为两刀齿之间的延迟时间，$\tau = 60/(\Omega N_t)$，

Ω的单位是 r/min，N_t 为刀齿数。

3. 定向频响函数

定向频响函数(frequency response function, FRF)是 x 向和 y 向频响函数与其对应的方向定向因子之积的和，即

$$\mathrm{FRF}_o = \mu_x \mathrm{FRF}_x + \mu_y \mathrm{FRF}_y \tag{2.33}$$

式中，μ_x 和 μ_y 分别为 x 向和 y 向的方向定向因子；FRF_x 和 FRF_y 分别为 x 向和 y 向的频响函数；FRF_o 为定向在平均表面法向的频响函数。

平均表面法向定义为刀具轨迹在平均切削角处的法向，平均切削角定义如式(2.34)所示。逆铣和顺铣时的平均切削角如图 2.18 所示。其中，ϕ_s 和 ϕ_e 分别是切入角和切出角，ϕ_{avg} 是平均切削角。逆铣的切入角 $\phi_s=0°$，切出角 ϕ_e 由径向切削深度和刀具半径确定。顺铣的切出角 $\phi_e=180°$，切入角 ϕ_s 由径向切削深度 b 和刀具半径 r 确定。

$$\phi_{avg} = \frac{\phi_e + \phi_s}{2} \tag{2.34}$$

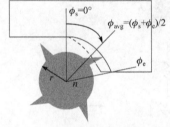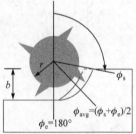

(a) 逆铣时平均切削角　　　　　(b) 顺铣时平均切削角

图 2.18　平均切削角 ϕ_{avg}

确定 x 和 y 向的方向定向因子需要两步：①切削力投影在 x 轴和 y 轴；②将合力投影在刀具轨迹法向上。由于 FRF 是 x 向和 y 向 FRF 的线性叠加，且后者通常通过锤击法获得，FRF 写成单自由度动力学系统形式为

$$\mathrm{FRF}_o = \frac{1}{k\left(\frac{(\mathrm{i}\omega)^2}{\omega_n^2} + \mathrm{i}\frac{2\zeta\omega}{\omega_n} + 1\right)} \tag{2.35}$$

$$\omega_n^2 = \frac{k}{m} \tag{2.36}$$

$$\zeta = c / (2\sqrt{mk}) \tag{2.37}$$

式中，m、c、k、ω_n 和 ζ 分别为振动系统在平均切削角方向上的模态质量、模态阻尼、模态刚度、固有频率和阻尼比。

将 $\mathrm{FRF_o}$ 分解成实部和虚部，分别为

$$\mathrm{Re}\left(\mathrm{FRF_o}\right) = \frac{1}{k}\left(\frac{1-r^2}{(1-r^2)^2 + (2\zeta r)^2}\right) \tag{2.38}$$

$$\mathrm{Im}\left(\mathrm{FRF_o}\right) = \frac{1}{k}\left(\frac{-2\zeta r}{(1-r^2)^2 + (2\zeta r)^2}\right) \tag{2.39}$$

式中，r 为 ω 和 ω_n 之比。

4. 稳定性叶瓣图

铣削加工系统极限切削深度 b_lim 为

$$b_\mathrm{lim} = -\frac{1}{2K_\mathrm{s}\,\mathrm{Re}(\mathrm{FRF_o})N_\mathrm{t}^*} \tag{2.40}$$

$$N_\mathrm{t}^* = \frac{\phi_\mathrm{e} - \phi_\mathrm{s}}{360 / N_\mathrm{t}} \tag{2.41}$$

$$\frac{\omega_\mathrm{c} / (2\pi)}{\Omega N_\mathrm{t}} = k + \frac{\varepsilon}{2\pi} \tag{2.42}$$

$$\varepsilon = 2\pi - 2\arctan\left(\frac{\mathrm{Re}(\mathrm{FRF_o})}{\mathrm{Im}(\mathrm{FRF_o})}\right) \tag{2.43}$$

式中，N_t^* 为处于切削状态的平均切削刃数；N_t 为刀齿数。

如果发生颤振，式(2.42)描述的是颤振频率 ω_c (rad/s)与主轴转速 Ω (r/min)的关系，于是，可以画出稳定性叶瓣图。$k=0, 1, 2, \cdots$ 为前后两齿振纹数的整数部分；$\varepsilon/(2\pi)$ 为前后两齿振纹数的小数部分，由式(2.43)确定。

2.3.2　零阶近似法

零阶近似法是由 Altintas 等[3]在 1995 年提出的，其根本思想是将周期性变化的切削力系数用傅里叶级数近似，并用最简单的零阶项近似。零阶近似法自提出就成为最重要的再生颤振分析方法。

1. 动态铣削模型

铣削过程中切削厚度是前后两次切削轨迹与刀具中心之间距离的差，包括静

态切削厚度和动态切削厚度两部分。动态切削厚度如图 2.19 所示，其中，F_t 和 F_r 分别是切向切削力和径向切削力，$h(t)$ 是动态切削厚度，s_t 是最大切削厚度。

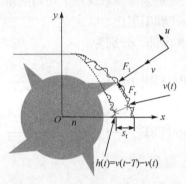

图 2.19　动态切削厚度示意图

刀具切削过程中发生振动，其振动位移为 x 和 y，经逆时针旋转 $\pi - \phi$，可得 u 和 v。在考虑刀具振动特性时，刀具的振动与静态切削厚度无关，主要受动态切削厚度影响，因此一般忽略静态切削厚度。

动态切削厚度表示为时间 t 的函数，即

$$h(t) = -v(t) + v(t-T) = \sin\phi(x(t) - x(t-T)) + \cos\phi(y(t) - y(t-T))$$
$$= \sin\phi\,\Delta x + \cos\phi\,\Delta y \tag{2.44}$$

式中，Δx 和 Δy 分别为刀刃当前和前一周期的振动位移差。

引入函数 $g(\phi)$ 表示刀刃是否处于切削状态，即

$$g(\phi) = \begin{cases} 1, & \phi_s \leqslant \phi \leqslant \phi_e \\ 0, & \phi < \phi_s \text{或} \phi > \phi_e \end{cases}$$

将 h 表示为刀刃角度的函数，即

$$h(\phi) = (\sin\phi\,\Delta x + \cos\phi\,\Delta y)g(\phi) \tag{2.45}$$

因此，刀尖受到的瞬时切向力和径向力为

$$F_t = K_t b h(\phi), \quad F_r = K_r F_r \tag{2.46}$$

式中，K_t 和 K_r 分别表示切向和径向切削力，将切向力和径向力逆时针旋转 $\pi - \phi$，得到 x 向和 y 向的切削力为

$$\begin{bmatrix} F_x \\ F_y \end{bmatrix} = \begin{bmatrix} \cos(\pi-\phi) & -\sin(\pi-\phi) \\ \sin(\pi-\phi) & \cos(\pi-\phi) \end{bmatrix} \begin{bmatrix} F_t \\ F_r \end{bmatrix} = \begin{bmatrix} -\cos\phi & -\sin\phi \\ \sin\phi & -\cos\phi \end{bmatrix} \begin{bmatrix} F_t \\ F_r \end{bmatrix} \tag{2.47}$$

切削过程中，在 x 向和 y 向上刀具受到的切削力是各齿切削力的代数和：

$$F_x = \sum_{j=0}^{N-1} F_{xj}, \quad F_y = \sum_{j=0}^{N-1} F_{yj} \tag{2.48}$$

因此，刀具受到的瞬时铣削力为

$$\begin{bmatrix} F_x \\ F_y \end{bmatrix} = \frac{1}{2} b K_t \begin{bmatrix} a_{xx} & a_{xy} \\ a_{yx} & a_{yy} \end{bmatrix} \begin{bmatrix} \Delta x \\ \Delta y \end{bmatrix} \tag{2.49}$$

式中，

$$a_{xx} = \sum_{j=0}^{N-1} -g(\phi_j)(\sin 2\phi_j + K_r(1 - \cos 2\phi_j))$$

$$a_{xy} = \sum_{j=0}^{N-1} -g(\phi_j)((1 + \cos 2\phi_j) + K_r \sin 2\phi_j)$$

$$a_{yx} = \sum_{j=0}^{N-1} g(\phi_j)((1 - \cos 2\phi_j) - K_r \sin 2\phi_j)$$

$$a_{yy} = \sum_{j=0}^{N-1} g(\phi_j)(\sin 2\phi_j - K_r(1 + \cos 2\phi_j))$$

式(2.49)写成矩阵形式为

$$F(t) = \frac{1}{2} b K_t A(t) \Delta(t) \tag{2.50}$$

铣削加工中由于切削厚度随刀具角度的变化而变化，切削力呈现周期性变化。$A(t)$ 相当于切削力的定向因子，它是铣削过程中位移的延迟反馈导致切削力变化比车削过程复杂的原因。为了能够解析切削力，需要研究将 $A(t)$ 简化的方法。

显然，$A(t)$ 是以刀刃周期 $T=2\pi/\omega$ 为周期的，它可以展开成傅里叶级数，其复数形式表示为

$$\begin{cases} A(t) = \sum_{r=-\infty}^{\infty} A_m e^{ir\omega t} \\ A_m = \frac{1}{T} \int_0^T A(t) e^{-ir\omega t} dt \end{cases} \tag{2.51}$$

采用最简单的近似，就是傅里叶级数展开的平均量，即用 A_0 代替 $A(t)$，则铣削过程的切削力定向因子简化为不随时间变化但取决于切削力系数 K_r、切入角 ϕ_s 和切出角 ϕ_e 的矩阵：

$$A_0 = \frac{1}{T}\int_0^T A(t)\mathrm{d}t = \frac{1}{\phi_\mathrm{p}}\int_{\phi_\mathrm{s}}^{\phi_\mathrm{e}} A(t)\mathrm{d}\phi = \frac{N}{2\pi}\begin{bmatrix} \alpha_{xx} & \alpha_{xy} \\ \alpha_{yx} & \alpha_{yy} \end{bmatrix} \tag{2.52}$$

式中，齿距角 $\phi_\mathrm{p}=2\pi/N$；由 a_{xx}、a_{xy}、a_{yx}、a_{yy} 积分后的 α_{xx}、α_{xy}、α_{yx}、α_{yy} 变为常数：

$$\alpha_{xx} = \frac{1}{2}\int_{\phi_\mathrm{s}}^{\phi_\mathrm{e}}\left(\cos 2\phi - 2K_\mathrm{r}\phi + K_\mathrm{r}\sin 2\phi\right)\mathrm{d}\phi$$

$$\alpha_{xy} = \frac{1}{2}\int_{\phi_\mathrm{s}}^{\phi_\mathrm{e}}\left(-\sin 2\phi - 2\phi + K_\mathrm{r}\cos 2\phi\right)\mathrm{d}\phi$$

$$\alpha_{yx} = \frac{1}{2}\int_{\phi_\mathrm{s}}^{\phi_\mathrm{e}}\left(-\sin 2\phi + 2\phi + K_\mathrm{r}\cos 2\phi\right)\mathrm{d}\phi$$

$$\alpha_{yy} = \frac{1}{2}\int_{\phi_\mathrm{s}}^{\phi_\mathrm{e}}\left(-\cos 2\phi - 2K_\mathrm{r}\phi - K_\mathrm{r}\sin 2\phi\right)\mathrm{d}\phi$$

采用傅里叶级数将切削力定向因子用零阶平均值近似，这是 Altintas 等贡献的关键点，因此，该方法称为零阶近似法。动态铣削力表示成零阶近似后的结果为

$$F(t) = \frac{1}{2}bK_\mathrm{t}A_0\Delta(t) \tag{2.53}$$

2. 稳定性叶瓣图获得算法

目前，一般忽略相互垂直方向的耦合影响，即 $\mathrm{FRF}_{xy}=\mathrm{FRF}_{yx}=0$，铣削系统的再生效应传递函数框图如图 2.20 所示。

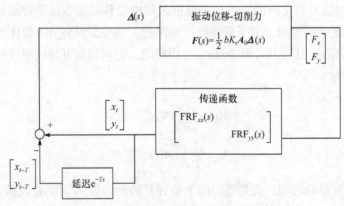

图 2.20　铣削系统的再生效应传递函数框图

若用模态质量 m、模态刚度 k 和阻尼比 ζ 表示系统的动态特性，可以使用振动测试设备获得刀具 x 和 y 向的由频率表示的频响函数公式：

$$\text{FRF}_{xx}(\text{i}\omega) = \frac{x}{F_x} = \frac{\omega_{nx}^2 / k_x}{\omega_{nx}^2 - \omega^2 + \text{i}2\zeta_x\omega_{nx}\omega} \tag{2.54}$$

$$\text{FRF}_{yy}(\text{i}\omega) = \frac{y}{F_y} = \frac{\omega_{ny}^2 / k_y}{\omega_{ny}^2 - \omega^2 + \text{i}2\zeta_y\omega_{ny}\omega} \tag{2.55}$$

系统的频域表达式为

$$\begin{bmatrix} F_x(\omega) \\ F_y(\omega) \end{bmatrix} = \frac{1}{2}bK_t\mathbf{A}_0(1 - \text{e}^{\text{i}\omega T})\begin{bmatrix} \text{FRF}_{xx}(\text{i}\omega) & 0 \\ 0 & \text{FRF}_{yy}(\text{i}\omega) \end{bmatrix}\begin{bmatrix} F_x(\omega) \\ F_y(\omega) \end{bmatrix} \tag{2.56}$$

如果该系统临界稳定，则存在一个频率 ω_c 使得式(2.56)存在非零解 $F_x(\omega_c)$ 和 $F_y(\omega_c)$。该解对应系统进行等幅振动的动态切削力，它们都是一个常复数。由线性方程组存在非零解的条件，可以得到式(2.56)存在非零解的条件为

$$\det\left[\mathbf{I} - \frac{1}{2}bK_t(1 - \text{e}^{\text{i}\omega_c T})\mathbf{A}_0\begin{bmatrix} \text{FRF}_{xx}(\text{i}\omega_c) & 0 \\ 0 & \text{FRF}_{yy}(\text{i}\omega_c) \end{bmatrix}\right] = 0 \tag{2.57}$$

式中，$\mathbf{I}$ 为单位矩阵；用 ω_c 代替 ω。

式(2.57)的形式与计算矩阵特征值的相同，可以写成如下形式：

$$\det[\mathbf{I} - \Lambda\mathbf{FRF}_{\text{or}}(\text{i}\omega_c)] = 0$$

则对应的矩阵 $\mathbf{FRF}_{\text{or}}(\text{i}\omega_c)$ 称作定向频响函数矩阵，且有

$$\mathbf{FRF}_{\text{or}}(\text{i}\omega_c) = \mathbf{A}_0\begin{bmatrix} \text{FRF}_{xx}(\text{i}\omega_c) & 0 \\ 0 & \text{FRF}_{yy}(\text{i}\omega_c) \end{bmatrix} \tag{2.58}$$

由式(2.52)和式(2.57)可得对应的特征值满足

$$\lambda = \lambda_{\text{Re}} + \lambda_{\text{Im}} = -\frac{N}{4\pi}bK_t(1 - \text{e}^{\text{i}\omega_c T}) \tag{2.59}$$

式中，λ_{Re} 和 λ_{Im} 分别为特征值的实部和虚部。

另外，由式(2.58)可以采用数值方法得到矩阵 $\mathbf{FRF}_{\text{or}}(\text{i}\omega_c)$ 的特征值 λ，之后代入式(2.59)得到极限切削深度的表达式。令 $\kappa = \lambda_{\text{Im}}/\lambda_{\text{Re}}$，由极限切削深度是实数、其虚部为零得到

$$b_{\lim} = \frac{2\pi\lambda_{\text{Re}}}{NK_t}(1 + \kappa^2) \tag{2.60}$$

求得极限切削深度后，可以按照与车削计算相同的方法计算对应的主轴转速。

绘制稳定性叶瓣图的流程是先确定频率范围，如从 0Hz 到 2 倍的固有频率，然后在该范围内选择所有可能的频率，即假设颤振发生且颤振频率为 ω_c，计算对应的极限切削深度 $b_{\lim}$ 和主轴转速 Ω。

因此，首先用一个给定的 ω_c，代替式(2.54)和式(2.55)中的 ω，获得用复数表示的 $\text{FRF}_{xx}(i\omega_c)$ 和 $\text{FRF}_{yy}(i\omega_c)$。然后根据式(2.58)计算 2×2 的复矩阵 $\mathbf{FRF}_{or}(i\omega_c)$，进而求矩阵 $\mathbf{FRF}_{or}(i\omega_c)$ 的两个特征值 λ_1 和 λ_2。最后由式(2.60)求得两个极限切削深度 b_{lim1} 和 b_{lim2}，一般二者差别较大，取其中小的一个作为给定颤振频率 ω_c 对应的极限切削深度。

根据给定的颤振频率，有可能存在多个主轴转速，这是由于刀具的振动和主轴的旋转共同作用，在工件表面留下类似正弦形的波纹。前后两转的振纹"波长"是相同的，但是相位滞后了 k 个整周期加 ε 相角。可按照式(2.61)~式(2.64)求解主轴转速：

$$\Psi = \arctan\frac{\lambda_{Im}}{\lambda_{Re}} \tag{2.61}$$

$$\varepsilon = \pi - 2\Psi \tag{2.62}$$

$$T = \frac{1}{\omega_c}(\varepsilon + k2\pi), \quad k = 0,1,2,\cdots \tag{2.63}$$

$$\Omega = \frac{60}{NT} \tag{2.64}$$

由求得的主轴转速和与之对应的极限切削深度可以绘制稳定性叶瓣图，如图 2.21 所示。

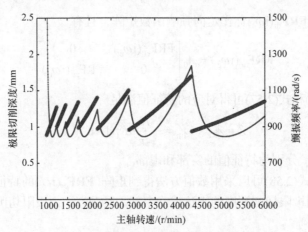

图 2.21　典型稳定性叶瓣图及对应颤振频率

由图中可以看出：

(1) 颤振频率过低、过高都会求得很大的极限切削深度，当颤振频率接近固有频率时会求得较小的极限切削深度。这也是颤振发生在固有频率附近的原因。

(2) 真实切削系统的固有频率是由本身结构参数决定的，可以控制的只有主轴转速，而不是颤振频率。一个主轴转速只对应一个颤振频率。

2.3.3　半离散法

半离散法是 Insperger 等[4]提出的，是延时微分方程研究结果的一个应用，对车削、铣削都适用。针对微分方程中系数具有周期性且含有延时项的问题，半离散法把系数项的周期离散成 k 份，并按同样间隔将延时时间离散成 m 份。在铣削加工系统中系数项的周期与延时时间相同，即 k 与 m 相同。继而，把一个延时微分方程表示成 k 个代数递推方程，其中每一个递推方程用传递矩阵表示成标准形式，从而将整个延时微分方程变成一个递推方程。通过分析递推矩阵的特征值，可以进行稳定性的判断。

1. 铣削系统模型

采用如下方程描述两自由度铣削加工系统：

$$\begin{bmatrix} \ddot{x}(t) \\ \ddot{y}(t) \end{bmatrix} + \begin{bmatrix} 2\zeta\omega_n & 0 \\ 0 & 2\zeta\omega_n \end{bmatrix} \begin{bmatrix} \dot{x}(t) \\ \dot{y}(t) \end{bmatrix} + \begin{bmatrix} \omega_n^2 + \dfrac{bh_{xx}(t)}{m_t} & \dfrac{bh_{xy}(t)}{m_t} \\ \dfrac{bh_{yx}(t)}{m_t} & \omega_n^2 + \dfrac{bh_{yy}(t)}{m_t} \end{bmatrix} \begin{bmatrix} x(t) \\ y(t) \end{bmatrix}$$

$$= \begin{bmatrix} bh_{xx}(t) & bh_{xy}(t) \\ bh_{yx}(t) & bh_{yy}(t) \end{bmatrix} \begin{bmatrix} x(t-\tau) \\ y(t-\tau) \end{bmatrix} \tag{2.65}$$

式中，m_t 为模态质量(kg)；ω_n 为固有频率(rad/s)；ζ 为阻尼比；τ 为刀具相邻两齿处于相同位置的延时量；b 为切削深度；h_{xx}、h_{xy}、h_{yx}、h_{yy} 为动态切削力系数。

动态切削力系数如式(2.66)～式(2.69)所示：

$$h_{xx}(t) = \sum_{j=1}^{N} g(\phi_j(t))\sin(\phi_j(t))(K_t\cos(\phi_j(t)) + K_n\sin(\phi_j(t))) \tag{2.66}$$

$$h_{xy}(t) = \sum_{j=1}^{N} g(\phi_j(t))\cos(\phi_j(t))(K_t\cos(\phi_j(t)) + K_n\sin(\phi_j(t))) \tag{2.67}$$

$$h_{yx}(t) = \sum_{j=1}^{N} g(\phi_j(t))\sin(\phi_j(t))(-K_t\sin(\phi_j(t)) + K_n\cos(\phi_j(t))) \tag{2.68}$$

$$h_{yy}(t) = \sum_{j=1}^{N} g(\phi_j(t))\cos(\phi_j(t))(-K_t\sin(\phi_j(t)) + K_n\cos(\phi_j(t))) \tag{2.69}$$

式中，K_t 和 K_n 分别为切向和法向的切削力系数；$\phi_j(t)$ 为第 j 个刀刃的瞬时角位置，它由式(2.70)求得，其中 N 为刀齿数：

$$\phi_j(t) = (2\pi\Omega/60)t + 2\pi j/N \tag{2.70}$$

$g(\phi_j(t))$ 是一个屏蔽函数，当第 j 个刀刃正在切削时，它等于 1，否则等于 0，其

定义为

$$g(\phi_j(t)) = \begin{cases} 1, & \phi_s \leqslant \phi_j(t) \leqslant \phi_e \\ 0, & \text{其他} \end{cases} \tag{2.71}$$

2. 用半离散法分析系统稳定性

半离散法是将动态切削力系数的周期等距分成 k 份，则在第 i 个离散间隔内，连续动力学方程近似写为

$$\begin{bmatrix} \ddot{x}(t) \\ \ddot{y}(t) \end{bmatrix} + \begin{bmatrix} 2\zeta\omega_n & 0 \\ 0 & 2\zeta\omega_n \end{bmatrix} \begin{bmatrix} \dot{x}(t) \\ \dot{y}(t) \end{bmatrix} + \begin{bmatrix} \omega_n^2 + \dfrac{bh_{xxi}}{m_t} & \dfrac{bh_{xyi}}{m_t} \\ \dfrac{bh_{yxi}}{m_t} & \omega_n^2 + \dfrac{bh_{yyi}}{m_t} \end{bmatrix} \begin{bmatrix} x(t) \\ y(t) \end{bmatrix}$$

$$= \begin{bmatrix} bh_{xxi} & bh_{xyi} \\ bh_{yxi} & bh_{yyi} \end{bmatrix} \begin{bmatrix} x_{\tau,i} \\ y_{\tau,i} \end{bmatrix} \tag{2.72}$$

式中，$x_{\tau,i}$ 和 $y_{\tau,i}$ 是把 $x(t-\tau)$ 和 $y(t-\tau)$ 用附近两点线性近似后获得的；h_{xxi}、h_{xyi}、h_{yxi}、h_{yyi} 是在第 i 个离散间隔内对 $h_{xx}(t)$、$h_{xy}(t)$、$h_{yx}(t)$、$h_{yy}(t)$ 采用积分法求得的平均值。

通过降维，式(2.72)可以写为标准形式：

$$\dot{u}(t) = A_i u(t) + w_a B_i u_{i-m-1} + w_b B_i u_{i-m} \tag{2.73}$$

式中，m 为对延时周期离散的份数；u_{i-m} 和 u_{i-m-1} 分别表示 t_{i-m} 和 t_{i-m-1} 时刻的延迟离散值；$w_a = \dfrac{m\Delta t + \Delta t/2 - \tau}{\Delta t}$；$w_b = \dfrac{\tau + \Delta t/2 - m\Delta t}{\Delta t}$；

$$A_i = \begin{bmatrix} 0 & 0 & 1 & 0 \\ 0 & 0 & 0 & 1 \\ -\omega_n^2 - \dfrac{bh_{xxi}}{m_t} & -\dfrac{bh_{xyi}}{m_t} & -2\zeta\omega_n & 0 \\ -\dfrac{bh_{yxi}}{m_t} & -\omega_n^2 - \dfrac{bh_{yyi}}{m_t} & 0 & -2\zeta\omega_n \end{bmatrix}$$

$$B_i = \begin{bmatrix} 0 & 0 & 0 & 0 \\ 0 & 0 & 0 & 0 \\ \dfrac{bh_{xxi}}{m_t} & \dfrac{bh_{xyi}}{m_t} & 0 & 0 \\ \dfrac{bh_{yxi}}{m_t} & \dfrac{bh_{yyi}}{m_t} & 0 & 0 \end{bmatrix}$$

$$u(t) = \begin{bmatrix} x(t) \\ y(t) \\ \dot{x}(t) \\ \dot{y}(t) \end{bmatrix}$$

将上述方程离散化得到如下递推式：

$$u_{i+1} = P_i u(t) + w_a R_i u_{i-m-1} + w_b R_i u_{i-m} \tag{2.74}$$

式中

$$P_i = \exp(A_i \Delta t)$$

$$R_i = (\exp(A_i \Delta t) - I) A_i^{-1} B_i$$

其中 I 为单位矩阵。

为分析其稳定性，定义状态向量 z_i，使得 $z_{i+1} = D_i z_i$，且有

$$z_i = \begin{pmatrix} x_i & y_i & \dot{x}_i & \dot{y}_i & x_{i-1} & y_{i-1} & \cdots & x_{i-m} & y_{i-m} \end{pmatrix}$$

则传递矩阵为

$$D_i = \begin{bmatrix} P_{i,11} & P_{i,12} & P_{i,13} & P_{i,14} & 0 & \cdots & 0 & w_a R_{i,11} & w_a R_{i,12} & w_b R_{i,11} & w_b R_{i,12} \\ P_{i,21} & P_{i,22} & P_{i,23} & P_{i,24} & 0 & \cdots & 0 & w_a R_{i,21} & w_a R_{i,22} & w_b R_{i,21} & w_b R_{i,22} \\ P_{i,31} & P_{i,32} & P_{i,33} & P_{i,34} & 0 & \cdots & 0 & w_a R_{i,31} & w_a R_{i,32} & w_b R_{i,31} & w_b R_{i,32} \\ P_{i,41} & P_{i,42} & P_{i,43} & P_{i,44} & 0 & \cdots & 0 & w_a R_{i,41} & w_a R_{i,42} & w_b R_{i,41} & w_b R_{i,42} \\ 1 & 0 & 0 & 0 & 0 & \cdots & 0 & 0 & 0 & 0 & 0 \\ 0 & 1 & 0 & 0 & 0 & \cdots & 0 & 0 & 0 & 0 & 0 \\ 0 & 0 & 0 & 0 & 1 & \cdots & 0 & 0 & 0 & 0 & 0 \\ \vdots & \vdots & \vdots & \vdots & \vdots & & \vdots & \vdots & \vdots & \vdots & \vdots \\ 0 & 0 & 0 & 0 & 0 & \cdots & 1 & 0 & 0 & 0 & 0 \\ 0 & 0 & 0 & 0 & 0 & \cdots & 0 & 1 & 0 & 0 & 0 \\ 0 & 0 & 0 & 0 & 0 & \cdots & 0 & 0 & 1 & 0 & 0 \end{bmatrix}$$

在一个动态切削力系数周期，可连续递推得出

$$\Phi = D_{k-1} D_{k-2} \cdots D_1 D_0, \quad k = 1, 2, \cdots$$

由稳定性准则知，当矩阵 Φ 的特征值的模小于 1 时，切削系统稳定。

由式(2.72)可知，半离散法仅将 4 个切削力系数离散化，通过在小的离散周期内积分后求平均得到平均切削力系数。微分方程的延时项依然保留，通过构造一个包含从现在一直到延时项的长向量，将延时微分方程转化成递推形式，获得

的矩阵 D_i 则成为稳定性分析的关键, 矩阵 D_i 只有前 4 行的前 4 列和后 4 列的值为关键值。

绘制稳定性叶瓣图时将主轴转速和切削深度组成的平面进行网格化, 在每个网格点根据主轴转速计算延迟量, 进而求得 Δt , 并判断该点的稳定性。

2.3.4 全离散法

全离散法是由 Ding 等提出的[5]。全离散法的思想是将延迟周期离散成 m 份, 在一个小的离散间隔内对系统微分方程进行积分, 将积分中的各项近似用不同离散点状态表示, 从而得到相邻离散点之间的递推公式。由 m 个公式依次递推获得系统微分方程的等价表示, 根据状态矩阵的特征值判断系统的稳定性。

1. 铣削系统模型

在式(2.72)中令矩阵变量如下:

$$M = \begin{bmatrix} m_t & 0 \\ 0 & m_t \end{bmatrix}, \quad C = \begin{bmatrix} 2m_t\zeta\omega_n & 0 \\ 0 & 2m_t\zeta\omega_n \end{bmatrix}, \quad K = \begin{bmatrix} m_t\omega_n^2 & 0 \\ 0 & m_t\omega_n^2 \end{bmatrix}$$

为了进行降阶, 定义变量

$$q(t) = \begin{bmatrix} x(t) \\ y(t) \end{bmatrix}, \quad p(t) = M\dot{q}(t) + Cq(t)/2$$

则有

$$\dot{x}(t) = A_0 x(t) + A(t)x(t) + B(t)x(t-T) \tag{2.75}$$

式中

$$x(t) = \begin{bmatrix} q(t) \\ p(t) \end{bmatrix}$$

$$A_0 = \begin{bmatrix} -M^{-1}C/2 & M^{-1} \\ CM^{-1}C/4 - K & -CM^{-1}/2 \end{bmatrix}_{4\times4}$$

$$A(t) = \begin{bmatrix} 0 & 0 & 0 & 0 \\ 0 & 0 & 0 & 0 \\ -bh_{xx}(t) & -bh_{xy}(t) & 0 & 0 \\ -bh_{yx}(t) & -bh_{yy}(t) & 0 & 0 \end{bmatrix}_{4\times4}$$

$$\boldsymbol{B}(t) = \begin{bmatrix} 0 & 0 & 0 & 0 \\ 0 & 0 & 0 & 0 \\ bh_{xx}(t) & bh_{xy}(t) & 0 & 0 \\ bh_{yx}(t) & bh_{yy}(t) & 0 & 0 \end{bmatrix}_{4 \times 4}$$

2. 全离散法稳定性分析

将延时时间 T 离散成 m 份，$T=m\tau$。对式(2.75)两边进行积分，有

$$\boldsymbol{x}(t) = \mathrm{e}^{A_0(t-k\tau)}\boldsymbol{x}(k\tau) + \int_{k\tau}^{t}\left(\mathrm{e}^{A_0(t-\xi)}\left(\boldsymbol{A}(\xi)\boldsymbol{x}(\xi) + \boldsymbol{B}(\xi)\boldsymbol{x}(\xi - T)\right)\right)\mathrm{d}\xi \qquad (2.76)$$

用 $k\tau + t$ 替换 t，即 $t\,(0 \leqslant t \leqslant \tau)$ 为一个离散间隔内的时间变量，当 $t=0$ 时有 $\boldsymbol{x}(t) = \boldsymbol{x}(k\tau) = \boldsymbol{x}_k$，当 $t = \tau$ 时有 $\boldsymbol{x}(t) = \boldsymbol{x}(k\tau + \tau) = \boldsymbol{x}_{k+1}$，则有

$$\boldsymbol{x}(k\tau + t) = \mathrm{e}^{A_0 t}\boldsymbol{x}(k\tau)$$
$$+ \int_{0}^{t}\left(\mathrm{e}^{A_0\xi}\left(\boldsymbol{A}(k\tau + t - \xi)\boldsymbol{x}(k\tau + t - \xi) + \boldsymbol{B}(k\tau + t - \xi)\boldsymbol{x}(k\tau + t - \xi - T)\right)\right)\mathrm{d}\xi$$
$$(2.77)$$

$$\boldsymbol{x}_{k+1} = \mathrm{e}^{A_0\tau}\boldsymbol{x}(k\tau)$$
$$+ \int_{0}^{\tau}\left(\mathrm{e}^{A_0\xi}\left(\boldsymbol{A}(k\tau + \tau - \xi)\boldsymbol{x}(k\tau + \tau - \xi) + \boldsymbol{B}(k\tau + \tau - \xi)\boldsymbol{x}(k\tau + \tau - \xi - T)\right)\right)\mathrm{d}\xi$$
$$(2.78)$$

式(2.78)中，采用如下近似：

$$\boldsymbol{x}(k\tau + \tau - \xi - T) \doteq \boldsymbol{x}_{k+1-m} + \xi\left(\boldsymbol{x}_{k-m} - \boldsymbol{x}_{k+1-m}\right)/\tau \qquad (2.79)$$

$$\boldsymbol{x}(k\tau + \tau - \xi) \doteq \boldsymbol{x}_{k+1} + \xi\left(\boldsymbol{x}_k - \boldsymbol{x}_{k+1}\right)/\tau \qquad (2.80)$$

$$\boldsymbol{A}(k\tau + \tau - \xi) \doteq \boldsymbol{A}_{k+1} + \xi\left(\boldsymbol{A}_k - \boldsymbol{A}_{k+1}\right)/\tau \qquad (2.81)$$

$$\boldsymbol{B}(k\tau + \tau - \xi) \doteq \boldsymbol{B}_{k+1} + \xi\left(\boldsymbol{B}_k - \boldsymbol{B}_{k+1}\right)/\tau \qquad (2.82)$$

将(2.79)~式(2.82)代入式(2.78)，可得

$$\boldsymbol{x}_{k+1} = \left(\boldsymbol{F}_0 + \boldsymbol{F}_{0,1}\right)\boldsymbol{x}_k + \boldsymbol{F}_{k+1}\boldsymbol{x}_{k+1} + \boldsymbol{F}_{m-1}\boldsymbol{x}_{k+1-m} + \boldsymbol{F}_m\boldsymbol{x}_{k-m} \qquad (2.83)$$

式中

$$\boldsymbol{F}_0 = \boldsymbol{\Phi}_0 \qquad (2.84)$$

$$\boldsymbol{F}_{0,1} = \left(\boldsymbol{\Phi}_2 / \tau\right)\boldsymbol{A}_0^{(k)} + \left(\boldsymbol{\Phi}_3 / \tau\right)\boldsymbol{A}_1^{(k)} \qquad (2.85)$$

$$\boldsymbol{F}_{k+1} = \left(\boldsymbol{\Phi}_1 - \boldsymbol{\Phi}_2 / \tau\right)\boldsymbol{A}_0^{(k)} + \left(\boldsymbol{\Phi}_2 - \boldsymbol{\Phi}_3 / \tau\right)\boldsymbol{A}_1^{(k)} \qquad (2.86)$$

$$F_{m-1} = \left(\boldsymbol{\Phi}_1 - \boldsymbol{\Phi}_2 / \tau \right) \boldsymbol{B}_0^{(k)} + \left(\boldsymbol{\Phi}_2 - \boldsymbol{\Phi}_3 / \tau \right) \boldsymbol{B}_1^{(k)} \tag{2.87}$$

$$F_m = \left(\boldsymbol{\Phi}_2 / \tau \right) \boldsymbol{B}_0^{(k)} + \left(\boldsymbol{\Phi}_3 / \tau \right) \boldsymbol{B}_1^{(k)} \tag{2.88}$$

$$\boldsymbol{\Phi}_0 = e^{A_0\tau}, \quad \boldsymbol{\Phi}_1 = \int_0^\tau e^{A_0\xi} d\xi, \quad \boldsymbol{\Phi}_2 = \int_0^\tau \xi e^{A_0\xi} d\xi, \quad \boldsymbol{\Phi}_3 = \int_0^\tau \xi^2 e^{A_0\xi} d\xi \tag{2.89}$$

$$\boldsymbol{A}_0^{(k)} = A_{k+1}, \quad \boldsymbol{A}_1^{(k)} = \left(A_k - A_{k+1} \right) / \tau \tag{2.90}$$

$$\boldsymbol{B}_0^{(k)} = B_{k+1}, \quad \boldsymbol{B}_1^{(k)} = \left(B_k - B_{k+1} \right) / \tau \tag{2.91}$$

由式(2.79)~式(2-82)可知，递推公式中与时间有关的量用离散间隔两个端点的值表示。积分项能够用代数方法计算，可以得到

$$x_{k+1} = \left(I - F_{k+1} \right)^{-1} \left(F_0 + F_{0,1} \right) x_k + \left(I - F_{k+1} \right)^{-1} F_{m-1} x_{k+1-m} + \left(I - F_{k+1} \right)^{-1} F_m x_{k-m} \tag{2.92}$$

类似于半离散法，定义状态向量 y_k，使得 $y_{k+1} = D_k y_k$，D_k 为 $4m \times 4m$ 的方阵，

$$y_k = \begin{pmatrix} x_k & x_{k-1} & \cdots & x_{k+1-m} & x_{k-m} \end{pmatrix}$$

则有

$$\boldsymbol{D}_k = \begin{bmatrix} \left(I - F_{k+1} \right)^{-1} \left(F_0 + F_{0,1} \right) & 0 & 0 & \cdots & 0 & \left(I - F_{k+1} \right)^{-1} F_{m-1} & \left(I - F_{k+1} \right)^{-1} F_m \\ 1 & 0 & 0 & \cdots & 0 & 0 & 0 \\ 0 & 1 & 0 & \cdots & 0 & 0 & 0 \\ \vdots & \vdots & \vdots & & \vdots & \vdots & \vdots \\ 0 & 0 & 0 & \cdots & 0 & 0 & 0 \\ 0 & 0 & 0 & \cdots & 1 & 0 & 0 \\ 0 & 0 & 0 & \cdots & 0 & 1 & 0 \end{bmatrix}$$

在一个刀具延迟过程中，连续递推得到

$$y_m = \boldsymbol{\Phi} y_0$$

$$\boldsymbol{\Phi} = D_{m-1} D_{m-2} \cdots D_1 D_0$$

由稳定性准则可知，当矩阵 $\boldsymbol{\Phi}$ 的特征值的模小于 1 时，切削系统稳定。

2.4　四种颤振预测方法对比

在此，针对二自由度的对称铣削加工系统，选用表 2.4 中的铣削加工系统参数值，加工方式选择顺铣，分别采用 2.3 节介绍的四种颤振预测方法获得其稳定性叶瓣图，并对四种方法的结果进行分析和对比。

表 2.4 铣削加工系统参数值

参数	齿数 N_t	固有频率 ω_n/(rad/s)	阻尼比 ζ	质量 m/kg	切向切削力系数 K_t/(N/m²)	径向切削力系数 K_r/(N/m²)	切削力系数 K_s/(N/m²)	转角 β/rad
数值	2	5793	0.011	0.03993	6×10^8	2×10^8	6.32×10^8	1.2490

通过 MATLAB 软件分别采用平均刀齿角(ATA)法、零阶近似(ZOA)法、半离散法(SDM)和全离散法(FDM)绘制该铣削加工系统在不同径向浸入比下的稳定性叶瓣图,如图 2.22 所示,其中半离散法和全离散法取 m=40,x 轴上的步距为 200,y 轴上的步距为 100。

由图 2.22 可以得出以下结论:

(1) 随着径向浸入比(b/D,b 为切削深度,D 为刀具直径)的减少,由平均刀齿角法得到的稳定性叶瓣图与其他三种方法的绘制结果重合度越来越高,因此平均刀齿角法比较适用于小径向浸入比($b/D < 0.5$)工况。对大径向浸入比工况来说,该方法误差比较大,这是由于随着径向浸入比的增大,平均刀齿角法将 x 和 y 向

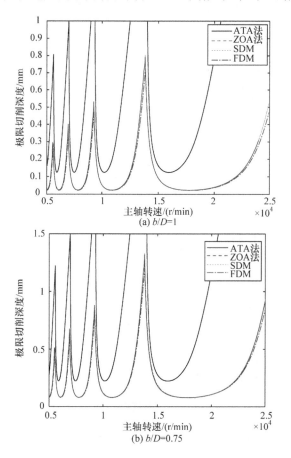

(a) b/D=1

(b) b/D=0.75

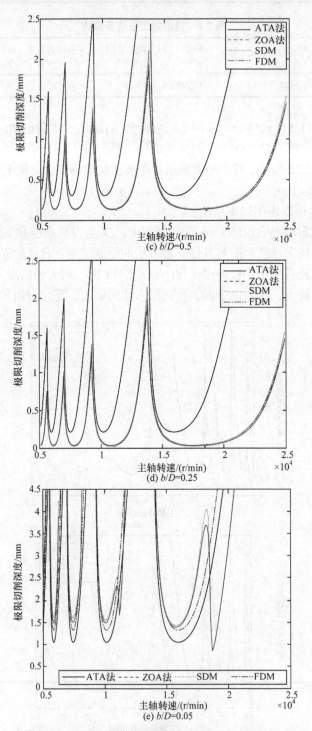

图 2.22　各种方法所得稳定性叶瓣图对比

上的频响函数定向到平均切削角方向时的误差越来越大。

(2) 半离散法和全离散法所得的稳定性叶瓣图基本重合，与零阶近似法重合度也很高。当径向浸入比非常小时，零阶近似法的结果与平均刀齿角法接近。零阶近似法不适用于小径向浸入比的工况，因为在小径向浸入比($a/D < 0.1$)工况下，该方法不能预测倍周期现象。

(3) 零阶近似法的计算效率最高，其次是平均刀齿角法，再次是全离散法，半离散法的计算效率最低。以 $a/D=1$ 为例，采用 MATLAB 软件测试四种方法的计算时间，依次为 2.3s、63.2s、129.4s 和 280.2s。因此当工程中对计算效率要求特别高时，应该采用零阶近似法来进行颤振预测。

2.5　铣削加工系统的薄弱环节

2.3.1 节建立的铣削加工系统模型中采用两个方向互相不耦合的弹簧阻尼单元表示刀具的动力学特性参数。工程人员进行颤振分析时可以通过锤击法测试获得刀具的动力学特性参数，在测试时对安装在机床主轴上刀具的刀尖点进行锤击，虽然测试点位于刀尖点，但实际上测试得到的是反映机床整体结构薄弱环节的动力学特性。

铣削加工系统(如立式加工系统等)中机床的固有振动形式可以通过模态分析获得，一般包括由立柱薄且高导致的立柱的前后弯曲振动、由机床地脚的刚性不足导致的机床整体振动、由主轴箱通过滑块与立柱相连而导致的主轴箱局部振动或者采用细长刀具加工时刀具自身的弯曲振动等。刀具上的振动具体是由哪个薄弱环节造成的，应通过其频率和振幅进行模态分析。在理解铣削加工系统建模时，必须了解图 2.2 中两个刚度和阻尼代表的是机床的哪个环节，这样才能够准确地分析颤振。

2.6　本 章 小 结

本章首先介绍车削加工的动力学模型、稳定性叶瓣图方法和时域仿真方法。然后介绍了四种颤振预测方法，并对各方法进行对比，介绍进行颤振分析所需的频响函数的获得方法。

在切削加工过程中颤振是不可避免的，它已经成为阻碍提高加工效率的一个主要问题。但是理论预测需要准确获得机床薄弱环节的动力学参数，这对工程人员提出了很高的要求，因此目前在我国的应用很有限。另外，对于再生颤振预测的理论研究，很多人都忽略了一个重要问题，即动力学特性对理论预测的影响，而在真实切削加工零件时，刀具轨迹可以任意改变，采用理论预测方法预测颤振几乎不可能做到，因此该方法仅适用于单一的、重复的加工工艺。

参 考 文 献

[1] 刘宇, 李青祥, 张义民. 基于数值积分的车削加工时域仿真研究[J]. 东北大学学报(自然科学版), 2014, 35(8):1179-1182.

[2] Liu Y, Meng L L, Liu K, et al. Chatter reliability of milling system based on first-order second-moment method[J]. International Journal of Advanced Manufacturing Technology, 2016, 87(1): 801-809.

[3] Altintas Y, Budak E. Analytical prediction of stability lobes in milling[J]. CIRP Annals—Manufacturing Technology, 1995, 44(1): 357-362.

[4] Insperger T, Stépán G. Updated semi-discretization method for periodic delay-differential equations with discrete delay[J]. International Journal for Numerical Methods in Engineering, 2004, 61(1): 117-141.

[5] Ding Y, Zhu L, Zhang X, et al. A full-discretization method for prediction of milling stability[J]. International Journal of Machine Tools and Manufacture, 2010, 50 (5): 502-509.

第3章　机器人铣削加工模态耦合颤振

近年来，工业机器人加工系统凭借其灵活性高、加工区域广等优势被广泛应用于大型航空航天零部件的加工。然而，与工业数控机床相比，机器人为非对称结构且刚度较弱(通常机器人刚度小于 1N/μm，机床刚度大于 50N/μm)，在执行铣削等较大切削力的机械加工操作时更容易发生振动，进而导致在工件表面留下明显的椭圆形振纹，如图 3.1 所示。

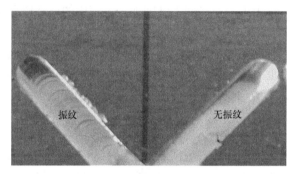

图 3.1　不同铣削加工工件表面

与传统机床加工易产生的再生颤振不同，在机器人加工中更易产生模态耦合颤振。Pan 等[1]在机器人铣削实验中验证了模态耦合颤振的发生，发现其颤振频率接近于机器人的低阶固有频率，通过建立简化的铣削动力学模型进一步阐述了模态耦合颤振机理，并根据系统稳定性分析提出颤振预测准则。Cen 等[2]在 Pan 等的工作基础上，考虑切削力对机器人铣削颤振预测准则的影响，对动态模型进行了优化，通过实验验证了优化进给速度可以抑制模态耦合颤振的结论。

目前，由于串联式组装结构以及各关节减速器、电机和其他弹性元件的存在，较常应用于实际加工的串联机器人手臂的刚度普遍弱于主轴-刀具-工件系统，在切削加工中以机器人结构振动为主。另外，结构不对称导致其振动模态非常明显。当前，在机器人切削加工方面，尚未存在结合模态耦合问题进行轨迹规划的研究，本章将尝试从这方面进行分析，并以六自由度工业机器人铣削加工为例进行阐述。

3.1 机器人铣削加工模态耦合颤振机理

模态耦合颤振是指在各个自由度之间(各个模态之间)由于位移延时反馈促使振动系统从外界摄取能量而引发的自激振动现象。机器人铣削加工时发生模态耦合颤振的本质原因是结构在两个相互正交方向上的刚度差的绝对值较小，且通常小于切削刚度。然而，由于机床刚度较大，即使在各方向刚度值相近的情况下，其差值的绝对值也往往大于切削刚度，所以加工时发生模态耦合颤振的概率较小。

3.1.1 机器人铣削加工动力学建模

为简化分析六自由度工业机器人铣削加工过程中的模态耦合颤振问题，进行以下假设：

(1) 阻尼效应会提高系统的稳定性。为了研究加工过程中的颤振现象，将加工系统简化为无阻尼系统。

(2) 根据 Merchant 于 1944 年提出的动力理论，假设作用在刀尖点的切削力 F 正比于切削深度 b。

基于上述假设，建立一个二自由度无阻尼系统动力学模型，如图 3.2 所示。其中，立式铣刀逆时针旋转，沿单位向量 f 的方向(即 x 轴负方向)进给刀具。此外，在加工过程中由于径向力一般远小于切向力，径向力可以忽略不计，主要考虑与进给方向相反的切削力 F，并沿切削力方向建立分析坐标系 x-y。

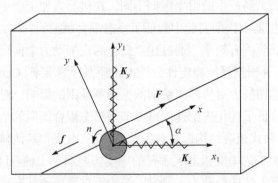

图 3.2　二自由度无阻尼系统动力学模型

在上述的动力学模型中，切削力的大小 $F = K_p \Delta y$，其中 Δy 表示在 y 轴上的振动位移，即切削厚度变化量。切削刚度 K_p 正比于切削深度 b。根据上述分析，二自由度无阻尼系统动力学方程为

$$\begin{bmatrix} m_{11} & m_{12} \\ m_{21} & m_{22} \end{bmatrix} \begin{bmatrix} \ddot{x} \\ \ddot{y} \end{bmatrix} + \begin{bmatrix} k_{11} & k_{12} \\ k_{21} & k_{22} \end{bmatrix} \begin{bmatrix} x \\ y \end{bmatrix} = \begin{bmatrix} 0 & K_p \\ 0 & 0 \end{bmatrix} \begin{bmatrix} x \\ y \end{bmatrix} \tag{3.1}$$

3.1.2　机器人铣削加工稳定性判据

在式(3.1)的求解过程中必须解耦，将 x-y 坐标系的微分方程通过旋转变换转化到 x_1-y_1 坐标系中，α 为 x 轴与 x_1 轴的夹角，机器人主刚度方向向量 $\boldsymbol{K}_x$ 和 $\boldsymbol{K}_y$ 分别与 x_1 轴和 y_1 轴重合。用 k_x 和 k_y 分别表示机器人结构在 $\boldsymbol{K}_x$ 和 $\boldsymbol{K}_y$ 方向上的刚度值，将式(3.1)转化为

$$\begin{bmatrix} m & 0 \\ 0 & m \end{bmatrix} \begin{bmatrix} \ddot{x}_1 \\ \ddot{y}_1 \end{bmatrix} + \begin{bmatrix} k_x & 0 \\ 0 & k_y \end{bmatrix} \begin{bmatrix} x_1 \\ y_1 \end{bmatrix} = \begin{bmatrix} -K_p \cos\alpha \sin\alpha & K_p \cos^2\alpha \\ -K_p \sin^2\alpha & K_p \sin\alpha \cos\alpha \end{bmatrix} \begin{bmatrix} x_1 \\ y_1 \end{bmatrix} \tag{3.2}$$

式(3.2)的特征方程为

$$\lambda^4 + \frac{k_x + k_y}{m}\lambda^2 + \frac{k_x k_y + (k_y - k_x)K_p \sin\alpha \cos\alpha}{m^2} = 0 \tag{3.3}$$

特征方程(3.3)的解为

$$\lambda^2 = \frac{-(k_x + k_y) \pm \sqrt{(\Delta k)^2 + 2\Delta k K_p \sin(2\alpha)}}{2m} \tag{3.4}$$

式中，$\Delta k = k_x - k_y$。假设 $\Delta k > 0$ (即 y 向为刚度较小的自由度)，对特征方程(3.3)的特征根 λ 进行分析；若 $\Delta k < 0$，则对应结论与下述分析结果相反。

若 $\sin(2\alpha) > -\Delta k/(2K_p)$，则式(3.4)中的 λ^2 有两个负实根，解得的 4 个特征根 λ 为两组关于实轴对称的虚数。根据有界输入有界输出(bounded-input bounded-output，BIBO)稳定性判据，当系统满足有界输入和有界输出条件时，系统是稳定的。

若 $\sin(2\alpha) < -\Delta k/(2K_p)$，则式(3.4)中的 λ^2 有两个有负实部的复数根，解得的 4 个特征根 λ 关于复平面对称，其中有两个根具有正实部。此时，系统是不稳定的。

3.2　切削力分析

切削力的大小和方向均会对模态耦合颤振产生影响。在加工中，由于某方向的切削力影响了另一方向的振动位移，且切削力又会受到该振动位移的影响，所以导致了耦合的发生，进而产生模态耦合颤振。

根据机器人模态耦合颤振稳定性判据，分析坐标系的建立与进给方向和切削力方向有关。不同加工形式中的切削力建模方法不尽相同。在铣削过程中，切削力 F 一般可以分为切向力 F_t 和径向力 F_r，其方向在一个范围内波动。一般情况

下，切向力 F_t 远大于径向力 F_r，因此，在 3.1.1 节中忽略了径向力对加工过程的影响，得到机器人铣削加工稳定性判据。但当切削用量较小时，径向力 F_r 对结果的影响较大，不能忽略。因此，本节针对两刃立式铣刀的铣削加工过程，沿着切削合力方向建立分析坐标系(analysis coordinate system, ACS) x_2-y_2，如图 3.3 所示。

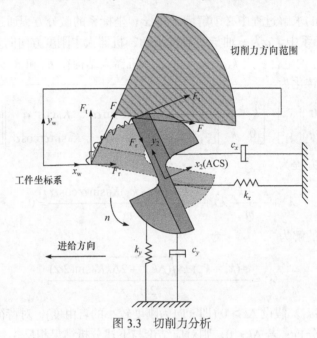

图 3.3　切削力分析

3.3　机器人铣削加工刚度定向过程

由铣削加工稳定性判据可以看出，系统稳定性取决于与切削力方向有关的角 α、两个自由度的刚度值 k_x 和 k_y 以及切削刚度 K_p。其中，切削刚度的大小是由机器人结构和加工位姿共同决定的，切削刚度是由工件材料的性能和切削深度决定的。α 值与加工过程中的切削力方向和机器人在加工平面内的刚度方向有关，是优化路径的主要依据。

六自由度串联工业机器人手臂具有复杂且非对称的结构，在铣削操作时需要在机器人手臂法兰末端安装电主轴和铣刀。在上述建模分析过程中需要得到机器人在加工平面内的刚度方向，因此本节将模态分析结果与机器人运动学相结合，得到机器人铣削加工时在加工平面内的刚度方向，并提出基于刚度定向的机器人铣削加工路径优化方法。

3.3.1　模态分析

通过模态分析可以获得机器人结构的模态振型，以确定其主刚度方向。利用仿真软件 ANSYS Workbench 得到机器人的低阶模态振型，如图 3.4 所示。机器人手臂在此固有频率下表现出的振动形态是绕关节 2 做俯仰运动，以关节 2 的轴线为中心，位移振幅 A 随着半径 r 的增大而增大，且振幅在机器人末端达到最大值，此时能量集中在这一固有频率处。因此，将机器人主刚度方向定义为图 3.4 中的 $K_{\min}$ 方向。

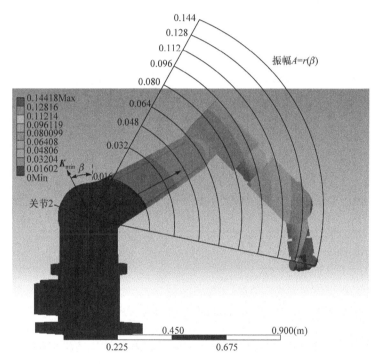

图 3.4　ABB IRB 1200 机器人低阶模态振型

3.3.2　机器人的正向运动学建模

机器人运动学是指机器人连杆的运动，由转动和平移组成。在机器人连杆上建立坐标系常采用的方法是由 Denavit 和 Hartenberg 提出的 D-H(Denavit-Hartenberg)矩阵法，本节通过 ABB IRB 1200 机器人各连杆固联坐标系来描述机器人各连杆之间的关系，从而得到将机器人基坐标系变换到工具末端坐标系的齐次变换矩阵。

D-H 建模分为固联坐标系前置模型和固联坐标系后置模型。本节采用固联坐标系前置模型建立 ABB IRB 1200 机器人的运动学模型，机器人各连杆的坐标系如图 3.5 所示。x_7-y_7-z_7 为工具坐标系，其坐标原点相对于机器人末端在 x_6 轴正方向上的偏移值为 a_7，在 y_6 轴正方向上的偏移值为 d_7。

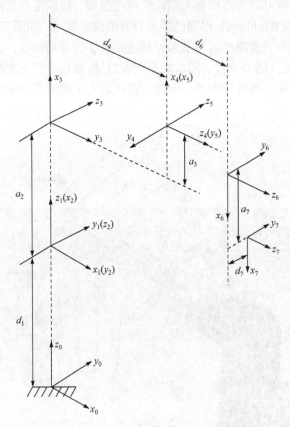

图 3.5　ABB IRB 1200 机器人各连杆坐标系

根据上述建立坐标系和识别参数方法，得到 ABB IRB 1200 机器人的 D-H 参数如表 3.1 所示。

表 3.1　ABB IRB 1200 机器人的 D-H 参数

连杆	α_{i-1}/(°)	a_{i-1}/(mm)	θ_i/(°)	d_i/(mm)	关节变量	连杆参数值/mm
1	0	0	0	d_1	θ_1	a_2=350
2	−90	0	−90	0	θ_2	a_3=42
3	0	a_2	0	0	θ_3	d_1=399.1
4	−90	a_3	0	d_4	θ_4	d_4=351
5	90	0	0	0	θ_5	d_6=82
6	−90	0	180	d_6	θ_6	—

ABB IRB 1200 机器人的第 i−1 个关节和第 i 个关节坐标系之间的齐次变换矩

阵可以表示为

$$_{i-1}^{i}\boldsymbol{T} = \text{Rot}(x,\alpha_{i-1}) \cdot \text{Trans}(x,a_{i-1}) \cdot \text{Rot}(z,\theta_{i}) \cdot \text{Trans}(z,d_{i}) \tag{3.5}$$

3.3.3　工具坐标系

根据式(3.5)，建立工具坐标系为第 7 坐标系，通过机器人运动学齐次变换矩阵，得到铣刀工具在机器人基坐标系中的位姿矩阵为

$$_{0}^{7}\boldsymbol{T} = _{0}^{1}\boldsymbol{T} \cdot _{1}^{2}\boldsymbol{T} \cdot _{2}^{3}\boldsymbol{T} \cdot _{3}^{4}\boldsymbol{T} \cdot _{4}^{5}\boldsymbol{T} \cdot _{5}^{6}\boldsymbol{T} \cdot _{6}^{7}\boldsymbol{T} = \begin{bmatrix} n_x & o_x & a_x & p_x \\ n_y & o_y & a_y & p_y \\ n_z & o_z & a_z & p_z \\ 0 & 0 & 0 & 1 \end{bmatrix} \tag{3.6}$$

当铣刀与加工表面非正交切削，而是呈其他任意角度加工时，工具坐标系与工件坐标系之间的关系如图 3.6 所示。定义工件表面法向为 $\boldsymbol{n}$，x_w 为工件坐标系的 x 轴，$x_7(\boldsymbol{s})$ 为刀具坐标系的 x 轴，刀具轴向为 $\boldsymbol{p}$，刀具轴向和工件表面法向的夹角为 ε，进给方向 $\boldsymbol{f}$ 与 x_7 轴正方向 $\boldsymbol{s}$ 的夹角为 γ，x_w 轴与 x_7 轴的夹角为 β。

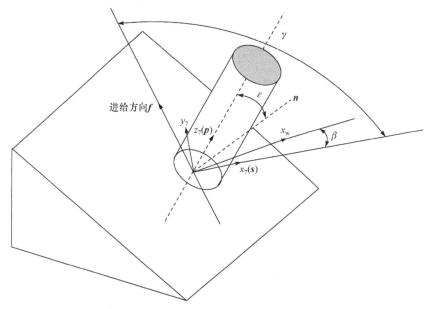

图 3.6　工具坐标系与工件坐标系之间的关系

ε 的表达式为

$$\varepsilon = \arccos\left(\frac{\boldsymbol{n} \cdot \boldsymbol{p}}{|\boldsymbol{n}||\boldsymbol{p}|}\right) \tag{3.7}$$

γ 的表达式为

$$\gamma = \arccos\left(\frac{\boldsymbol{s} \cdot \boldsymbol{f}}{|\boldsymbol{s}||\boldsymbol{f}|}\right) \tag{3.8}$$

3.3.4　机器人刚度坐标系

将机器人应用于铣削加工时，需要增加电主轴、夹具、刀具和力传感器等外部装置。确定机器人的刚度方向是机器人模态耦合颤振分析的重要任务之一。

ABB IRB 1200 机器人具有六个关节自由度，在不同位姿状态下，其主要的振动形态不同，机器人主刚度方向也随之变化。由于低阶振动模态是导致模态耦合颤振的主要原因，本节将某一位姿状态下的机器人低阶模态振动方向定义为机器人振动主刚度方向。

如图 3.7 所示，结构①表示非对称结构，结构②表示具有对称性的刀具方向。整体结构仍以结构①为主体，将结构①中主刚度方向映射到结构②中。类比机器人铣削装置，机器人本体为机器人铣削系统主体结构，主轴-铣刀系统为机器人附加结构，在机器人铣削加工时，机器人本体的主刚度方向为机器人铣削加工系统

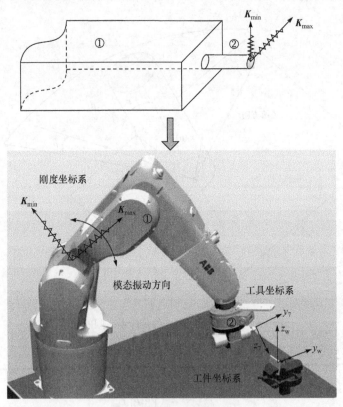

图 3.7　机器人刚度定向

的主刚度方向。

假设使用机器人操纵刀具正交铣削工件，则定义机器人铣削加工刚度方向的步骤如下：

(1) 对处于特定加工位姿的 ABB IRB 1200 机器人进行模态测试，得到其低阶固有频率，其对应的机器人模态振动方向即机器人主刚度方向 K_{max} 和 K_{min}。

(2) 将机器人主刚度方向映射到加工平面内，建立铣削加工时的刚度坐标系 K_x 和 K_z。

(3) 建立机器人工件坐标系 y_w-z_w，且保证其各坐标轴与机器人基坐标系各坐标轴平行。

(4) 在此加工位姿下，由于机器人结构的低阶固有频率所对应的模态振型为绕关节 2 的俯仰振动，机器人主刚度方向可以用 ${}_{0}^{2}\boldsymbol{T}$ 表示为

$$
{}_{0}^{2}\boldsymbol{T} = {}_{0}^{1}\boldsymbol{T} \cdot {}_{1}^{2}\boldsymbol{T} = \begin{bmatrix} c_2 & -c_1 s_2 & -s_1 & 0 \\ c_2 s_1 & -s_1 s_2 & c_1 & 0 \\ -s_2 & -c_2 & 0 & d_1 \\ 0 & 0 & 0 & 1 \end{bmatrix} \tag{3.9}
$$

式中，$c_1 = \cos\theta_1$；$c_2 = \cos\theta_2$；$s_1 = \sin\theta_1$；$s_2 = \sin\theta_2$；d_1 为连杆参数。

机器人弱刚度方向可表示为

$$
\boldsymbol{K}_{min} = \boldsymbol{K}_{2j}(\min(k_{2j})) = \boldsymbol{K}_{2y} = [-c_1 s_2, -s_1 s_2, -c_2]^{\mathrm{T}} \tag{3.10}
$$

式中，j 为机器人主刚度方向坐标系中的 x、y 和 z 向；k_{2j} 为在关节 2 坐标系中沿 x、y 和 z 向的刚度值。

3.3.5 刚度映射过程

根据机器人模态耦合颤振稳定性判据，需要将机器人在空间的弱刚度方向 K_{min} 映射到加工平面内，得到在加工平面内的平面刚度方向 K_z，刚度映射过程如图 3.8 所示，K_z 与工件坐标系的 z_w 轴成 θ 角。

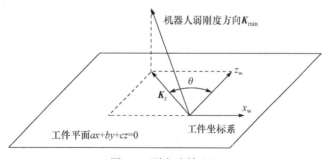

图 3.8 刚度映射过程

3.4　基于刚度定向的机器人铣削加工无颤振路径优化方法

　　根据上述刚度定向方法和模态耦合颤振判据，本节提出基于刚度定向的机器人铣削加工无颤振路径优化方法，流程如图 3.9 所示。输入任意进给方向 f, 与工件坐标系的

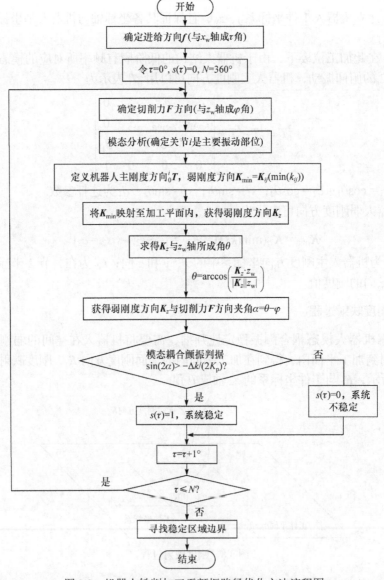

图 3.9　机器人铣削加工无颤振路径优化方法流程图

x_w 轴所成夹角定义为 τ，将 τ 每次增加 $1°$，直到 $360°$，在每个进给方向上分别判断机器人铣削加工的稳定性。在输入判据之前，根据模态振型定义机器人主刚度方向 ${}_0^1T$，并将弱刚度方向 K_{min} 映射到加工平面内获得弱刚度方向 K_z，定义 K_z 与工件坐标系的 z_w 轴成 θ 角。同时，定义切削力 F 方向与工件坐标系的 z_w 轴成 φ 角，并建立分析坐标系(ACS)。利用上述步骤得到刚度坐标系和分析坐标系，进而获得稳定性判据中主刚度方向坐标系与分析坐标系的夹角 α，即 $a=\theta-\varphi$。最后，通过寻找稳定区域边界算法，可计算获得在任意加工进给方向下的系统稳定性，并获得机器人无颤振的加工进给方向区域。

3.5　机器人铣削加工颤振稳定性分析案例

按照上述机器人路径优化算法进行案例分析。首先，确定机器人的加工位姿，对机器人进行模态实验和仿真分析，得到机器人结构的低阶固有频率和振型，此时，振动能量主要集中在此固有频率处，当机器人发生模态耦合颤振时，颤振频率在此频率附近。其次，使用 ABB IRB 1200 机器人正向运动学模型得到在此加工位姿下的主刚度方向矩阵。然后，进行刚度映射过程，在加工平面内确定刚度坐标系与工件坐标系的夹角。最后，利用机器人铣削模态耦合颤振判据判断系统的稳定性，并通过实验进行验证，提出机器人铣削加工的优化准则，即避免切削力出现在以机器人主刚度方向为坐标系的第二象限和第四象限内。

3.5.1　机器人模态测试

1. 模态分析

机器人固有振动特性识别(又称模态分析)包括固有频率、阻尼比和振型的辨识。结构的固有振动特性能够反映在某一频率范围内各种振源作用下产生的实际振动响应，是研究结构动力学的一种方法。本节旨在通过模态测试实验结果得到机器人主刚度方向。实验装置如图 3.10 所示，包括美国 PCB 公司的三向加速度传感器 356A24 和模态力锤 086C01、丹麦 B&K 公司的数据采集系统 3560-B-140 和 Pulse 分析软件等。

2. 刚度定向过程

机器人的低阶振型和固有频率由仿真分析和模态实验获得。当机器人各关节角度为 $35.87°$、$66.26°$、$-15.76°$、$0.39°$、$38.42°$、$37.6°$时，机器人的低阶固有频率为 23Hz，模态振型表现为绕关节 2 的俯仰振动。通过上述分析方法得到机器人在加工平面内弱刚度方向 K_z 与工件坐标系 z_w 轴所成角 θ，此时 $\theta=28°$，其刚度定向过程如图 3.11 所示。

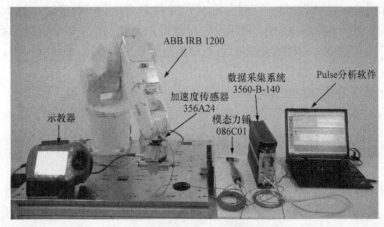

图 3.10   机器人模态测试实验装置

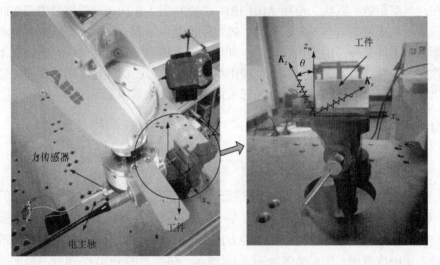

图 3.11   刚度定向过程

3. 平面铣削路径

平面铣削是铣削加工的主要内容之一，在不同加工路径下的模态耦合颤振稳定性不同。下面通过对铣削加工的进给运动进行路径规划，以提高加工稳定性和加工精度。图 3.12 为两种常见的平面铣削加工路径，即水平铣削和垂直铣削。

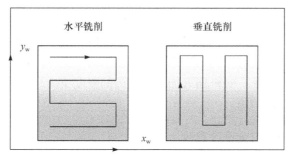

图 3.12　平面铣削加工路径

3.5.2　模态耦合颤振稳定性分析

根据分析得知,进给方向的选择取决于角 α(角 α 的范围为 $0°\sim360°$),因为角 α 是影响模态耦合颤振发生的稳定性判据。由模态分析结果可知 x 向的刚度大于 z 向的刚度。如图 3.13(a)所示,机器人在加工平面内的刚度方向为 K_x 和 K_z,当 $\alpha \in (0°,90°) \bigcup (180°,270°)$ 时,一定有 $\sin(2\alpha) + \Delta k/(2K_p) > 0$,所以颤振在此角度范围内不会发生,系统稳定;当 $\alpha \in [90°,180°] \bigcup [270°,360°]$ 时,可能发生颤振,具体情况需要根据其中各个参数进行分析。因此,对于机器人铣削加工,当切削力方向处于以机器人主刚度方向为坐标系的第二象限和第四象限内时可能发生模态耦合颤振。

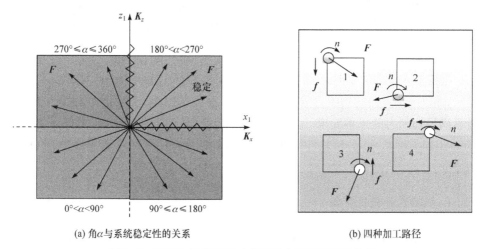

(a) 角 α 与系统稳定性的关系　　　　　　　　(b) 四种加工路径

图 3.13　不同加工路径下的模态耦合颤振稳定性分析

根据机器人的模态分析结果,得到机器人结构的主刚度方向为 K_{max} 和 K_{min},并将其映射到机器人加工平面。分别对工件进行全槽铣和半槽铣实验,选择如图 3.13(b)所示的四种不同加工路径进行分析,图中 F 表示切削力方向,n 表示主轴转速，f 表示进给方向。进行平面铣削时，加工路径 1 和 3 为垂直铣削案例，加工路径 2 和 4 为水平铣削案例。忽略机器人在四种加工路径下的位姿变化对固有频率和振型的影响。在同一铣削形式下，机器人的刚度方向将严重影响机器人铣削颤振的稳定性，因此，对机器人加工平面内的刚度定向是保证机器人铣削加工稳定性分析准确性的前提。

3.5.3　机器人半槽铣与全槽铣实验

机器人铣削实验平台如图 3.14 所示。实验中，选用的电主轴的额定主轴转速为 60000r/min，安装在力传感器末端，并选用直径为 2mm 的两刃钨钢铣刀。

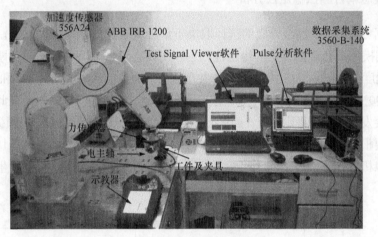

图 3.14　机器人铣削实验平台

在机器人铣削加工时，通过 ABB 六轴力传感器和 Test Signal Viewer 软件采集 x、y 和 z 三个方向的切削力信号，其中，力传感器的最小采样间隔可达 0.504ms，能够满足切削力的采集要求。此外，通过加速度传感器 356A24、数据采集系统 3560-B-140 和 Pulse 分析软件得到加工时的加速度频谱图，对比分析加工时的振动特征。

1. 机器人半槽铣实验

实验使用 ABB IRB 1200 机器人进行不同路径下的铣削加工实验，实验平台如图 3.14 所示。设置主轴转速为 16000r/min，切削深度为 0.1mm，进给速度为 30mm/min，分别沿如图 3.15 所示的加工方向对材料为 Al1060 的工件进行半槽铣削加工。

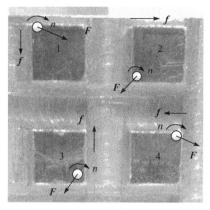

图 3.15　四种铣削加工方向(实验图)

　　加工时，采集得到 x、y 和 z 三个方向的切削力。由于选择在 x-z 平面进行加工，因此使用分布在 x-z 平面内的切削力值做散点图，并得到切削力在加工时的分布区域以及 z_{w} 与机器人弱刚度方向 $\boldsymbol{K}_z$ 之间所成的角度 θ，如图 3.16 所示。

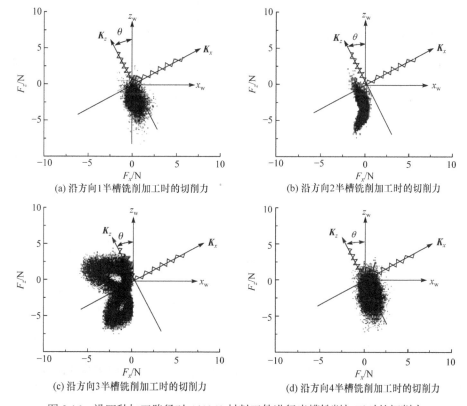

图 3.16　沿四种加工路径对 Al1060 材料工件进行半槽铣削加工时的切削力

　　由图 3.16 分析可知，当沿方向 3 加工时，切削力范围分布较大，证明其在相同的切削条件下产生了较大的切削力，且切削力主要分布在主刚度坐标系中的第二象限和第三象限，有可能发生模态耦合颤振。加工过程中采集得到的加速度信号频谱如图 3.17 所示，在各阶固有频率处的加速度幅值较大，主峰出现在 22Hz 处，接近机器人结构的固有频率，说明此时机器人铣削加工系统发生了模态耦合颤振，与切削力测量结果相符。因此，认为在此机器人位姿下，采用水平铣削加工方式的稳定性较好。

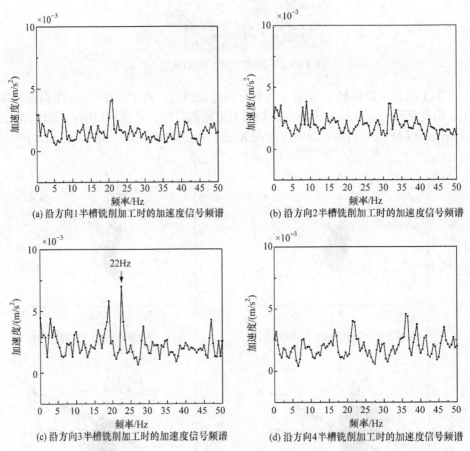

(a) 沿方向1半槽铣削加工时的加速度信号频谱

(b) 沿方向2半槽铣削加工时的加速度信号频谱

(c) 沿方向3半槽铣削加工时的加速度信号频谱

(d) 沿方向4半槽铣削加工时的加速度信号频谱

图 3.17　四种加工路径下对 Al1060 材料工件进行半槽铣削加工时的加速度信号频谱

2. 机器人全槽铣实验

　　机器人全槽铣实验的切削条件和进给方向与机器人半槽铣实验的设置完全相同，实验得到的切削力分布和加速度信号频谱分别如图 3.18 和图 3.19 所示。

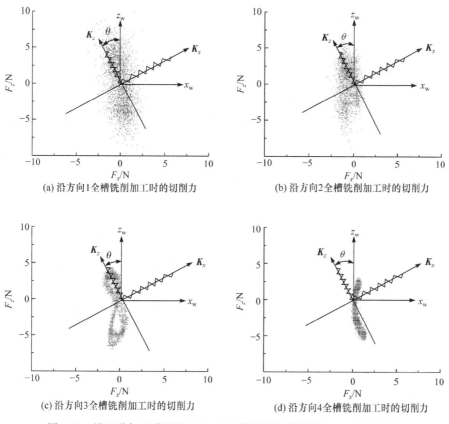

(a) 沿方向1全槽铣削加工时的切削力　　　　　(b) 沿方向2全槽铣削加工时的切削力

(c) 沿方向3全槽铣削加工时的切削力　　　　　(d) 沿方向4全槽铣削加工时的切削力

图 3.18　沿四种加工路径对 Al1060 工件进行全槽铣削加工时的切削力

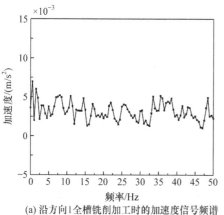

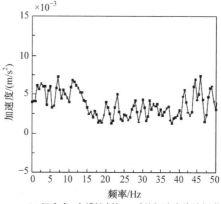

(a) 沿方向1全槽铣削加工时的加速度信号频谱　　(b) 沿方向2全槽铣削加工时的加速度信号频谱

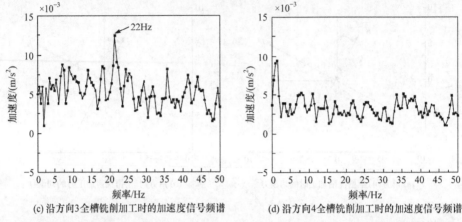

(c) 沿方向3全槽铣削加工时的加速度信号频谱　　(d) 沿方向4全槽铣削加工时的加速度信号频谱

图 3.19　沿四种加工路径下对 Al1060 材料工件进行全槽铣削加工时的加速度信号频谱

由图 3.16～图 3.19 分析可知, 全槽铣实验结果基本呈现与半槽铣实验结果相同的趋势。其中, 沿方向 3 加工时的切削力在主刚度坐标系第二象限分布较多且值较大, 切削力呈椭圆分布规律。加速度信号在机器人固有频率附近出现峰值, 此时机器人铣削加工稳定性差。因此, 在此位姿下进行槽铣时, 水平铣削方式优于垂直铣削方式。

上述实验证明, 在定位机器人铣削加工平面内的刚度方向后, 应避免切削力方向出现在主刚度坐标系的第二象限和第四象限内,这样有利于提高加工稳定性。

3.6　机器人铣削加工参数对颤振稳定性影响分析

机器人铣削加工参数对模态耦合颤振稳定性的影响并未在以往的文献中详细说明。本节利用机器人模态耦合颤振稳定性判据分析机器人进行铣削加工时各加工参数对铣削稳定性的影响, 通过控制变量实验, 采集加工过程中的切削力和加速度信号, 验证不同的加工参数对模态耦合颤振的影响, 为提升机器人铣削加工应用效果提供参数选择基础。机器人铣削加工的实验平台如图 3.14 所示。

3.6.1　切削参数对模态耦合颤振的影响

依据上述分析步骤, 分别在不同切削参数下进行机器人铣削实验。各组实验中的切削条件设置如表 3.2 所示。

表 3.2　实验切削条件

序号	主轴转速 Ω/(r/min)	进给速度 v/(mm/min)	切削深度 b/mm	工件材料	刀具悬长 L/mm	铣削方式
1	9000	15	0.1	Al6061	20	全槽铣
2	12000	15	0.1	Al6061	20	全槽铣
3	15000	15	0.1	Al6061	20	全槽铣
4	18000	15	0.1	Al6061	20	全槽铣
5	18000	15	0.05	Al6061	20	全槽铣
6	18000	15	0.15	Al6061	20	全槽铣
7	18000	15	0.2	Al6061	20	全槽铣
8	18000	30	0.1	Al6061	20	全槽铣
9	18000	45	0.1	Al6061	20	全槽铣
10	18000	60	0.1	Al6061	20	全槽铣

1. 主轴转速对模态耦合颤振的影响

取表 3.2 中实验 1、2、3 和 4 的实验切削条件进行机器人铣削加工时，在每组实验中利用采集到的三方向切削力信号拟合为切削合力的信号，并求解切削合力的平均值，最终得到加工的平均切削力，如图 3.20 所示。采集到的机器人加速度信号频谱如图 3.21 所示。

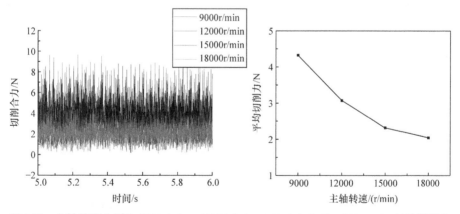

图 3.20　主轴转速分别为 9000r/min、12000r/min、15000r/min 和 18000r/min 时的切削力

由图 3.20 分析可知，当以 9000r/min 的主轴转速切削时，平均切削力为 4.322N；当以 12000r/min 的主轴转速切削时，平均切削力为 3.070N，比 9000r/min 主轴转速切削时减少了约 28.97%；当以 15000r/min 的主轴转速切削时，平均切削力为 2.318N，比 12000r/min 主轴转速切削时减少了约 24.50%；当以 18000r/min 的主轴转速切削时，平均切削力为 2.042N，比 15000r/min 主轴转速切削时减少了

约 11.91%。

总体上，当主轴转速增加时平均切削力减小，在主轴转速较低时提高主轴转速可以显著减小切削力;但当主轴转速增加到一定程度时，随着主轴转速的增加，切削力减小的程度开始降低。

由图 3.21 分析可知，当主轴转速为 9000r/min 时，加速度信号在机器人固有频率23Hz 处出现明显峰值，证明发生了模态耦合颤振;当主轴转速为 12000r/min 时，加速度信号在机器人固有频率 23Hz 处也出现了峰值，但此处峰值小于主轴转速为 9000r/min 时出现的峰值;当主轴转速为其他值时，加速度信号在机器人固有频率处的峰值并不明显。因此，主轴转速越低，越容易发生模态耦合颤振，其颤振频率与机器人低阶固有频率相同。

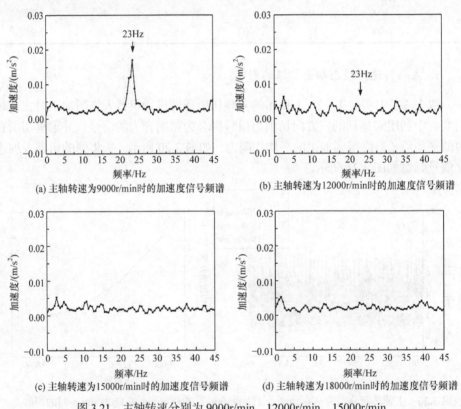

(a) 主轴转速为9000r/min时的加速度信号频谱
(b) 主轴转速为12000r/min时的加速度信号频谱
(c) 主轴转速为15000r/min时的加速度信号频谱
(d) 主轴转速为18000r/min时的加速度信号频谱

图 3.21 主轴转速分别为 9000r/min、12000r/min、15000r/min 和 18000r/min 时的加速度信号频谱

2. 切削深度对模态耦合颤振的影响

取表 3.2 中实验 4、5、6 和 7 的实验切削条件进行铣削加工时得到的切削力如图 3.22 所示，采集到的机器人加速度信号频谱如图 3.23 所示。

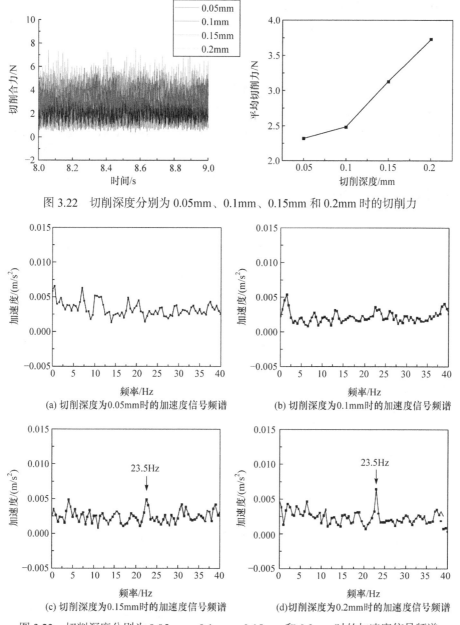

图 3.22　切削深度分别为 0.05mm、0.1mm、0.15mm 和 0.2mm 时的切削力

(a) 切削深度为0.05mm时的加速度信号频谱

(b) 切削深度为0.1mm时的加速度信号频谱

(c) 切削深度为0.15mm时的加速度信号频谱

(d)切削深度为0.2mm时的加速度信号频谱

图 3.23　切削深度分别为 0.05mm、0.1mm、0.15mm 和 0.2mm 时的加速度信号频谱

由图 3.22 分析可知，当切削深度为 0.05mm 时，平均切削力为 2.318N；当切削深度为 0.1mm 时，平均切削力为 2.480N，比切削深度为 0.05mm 时增加了约 6.99%；当切削深度为 0.15mm 时，平均切削力为 3.123N，比切削深度为 0.1mm 时增加了约 25.93%；当切削深度为 0.2mm 时，平均切削力为 3.730N，比切削深

度为 0.15mm 时增加了约 19.44%。

　　总体上，平均切削力随着切削深度的增加而增加。因为当切削深度增加时，单位切削面积增加，最终导致切削力增加。

　　由图 3.23 分析可知，当切削深度为 0.2mm 时，加速度信号在机器人固有频率附近出现明显峰值，证明发生了模态耦合颤振；当切削深度为 0.15mm 时，加速度信号在机器人固有频率附近也出现峰值，但此处峰值小于切削深度为 0.2mm 时出现的峰值；当切削深度为其他值时，加速度信号在机器人固有频率附近的峰值并不明显。因此，切削深度越大，越容易发生模态耦合颤振，其颤振频率与机器人低阶固有频率接近，为 23.5Hz。由于机器人负载的限制，实验选用的机器人只适用于小切削量的铣削操作，因此选择的切削深度相对较小。

　　3. 进给速度对模态耦合颤振的影响

　　取表 3.2 中实验 4、8、9 和 10 的实验切削条件进行铣削加工时得到的切削力如图 3.24 所示。采集到的机器人加速度信号频谱如图 3.25 所示。

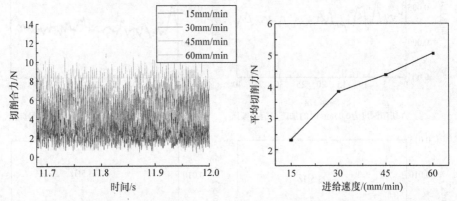

图 3.24　进给速度分别为 15mm/min、30mm/min、45mm/min 和 60mm/min 时的切削力

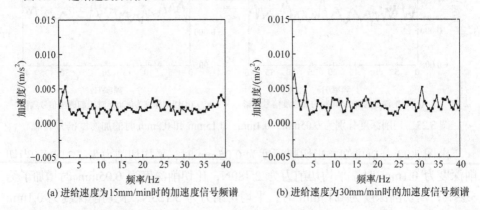

(a) 进给速度为15mm/min时的加速度信号频谱　　　(b) 进给速度为30mm/min时的加速度信号频谱

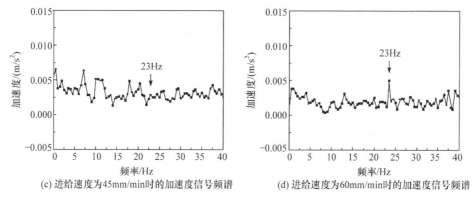

(c) 进给速度为45mm/min时的加速度信号频谱   (d) 进给速度为60mm/min时的加速度信号频谱

图 3.25 进给速度分别为 15mm/min、30mm/min、45mm/min

和 60mm/min 时的加速度信号频谱

由图 3.24 分析可知,当进给速度为 15mm/min 时,平均切削力为 2.318N;当进给速度为 30mm/min 时,平均切削力为 3.850N,比进给速度为 15mm/min 时增加了约 66.09%;当进给速度为 45mm/min 时,平均切削力为 4.378N,比进给速度为 30mm/min 时增加了约 13.71%;当进给速度为 60mm/min 时,平均切削力为 5.052N,比进给速度为 45mm/min 时增加了约 15.40%。

总体上,平均切削力随着进给速度的增加而增加。进给速度增加导致铣削加工时的每齿进给量增加,进而使切削力增大。

由图 3.25 分析可知,当进给速度为 60mm/min 时,加速度信号在机器人固有频率处出现明显的峰值,证明发生了模态耦合颤振;当进给速度为 45mm/min 时,加速度信号在机器人固有频率处也出现了峰值,但此处峰值小于进给速度为 60mm/min 时的峰值;当进给速度为其他值时,加速度信号在机器人固有频率处的峰值并不明显。因此,进给速度越大,越容易发生模态耦合颤振,其颤振频率与机器人低阶固有频率接近。进给速度影响切削时的每齿进给量,进而影响切削力大小,最终影响发生机器人模态耦合颤振的条件。

3.6.2 刀具悬长对模态耦合颤振的影响

选用主轴转速为 9000r/min、进给速度为 15mm/min 和切削深度为 0.1mm 的切削参数。如图 3.26 所示,刀具悬长分别设置为 20mm、25mm 和 30mm,对材

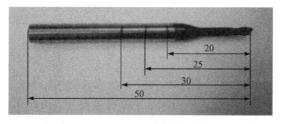

图 3.26 刀具悬长示意图(单位:mm)

料为 Al6061 的工件进行全槽铣削实验。三种刀具悬长下的切削力和加速度信号频谱分别如图 3.27 和图 3.28 所示。

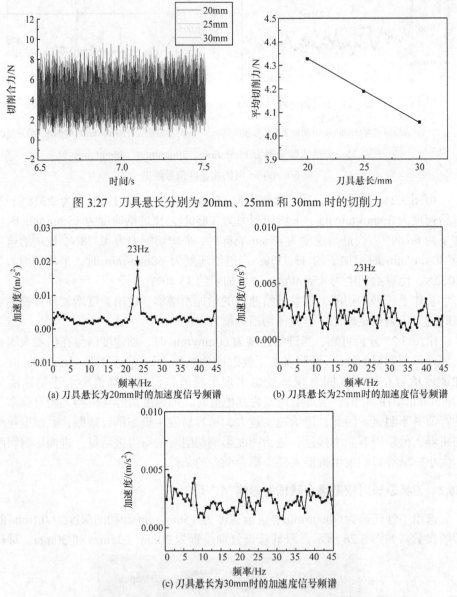

图 3.27　刀具悬长分别为 20mm、25mm 和 30mm 时的切削力

(a) 刀具悬长为20mm时的加速度信号频谱　　(b) 刀具悬长为25mm时的加速度信号频谱

(c) 刀具悬长为30mm时的加速度信号频谱

图 3.28　刀具悬长分别为 20mm、25mm 和 30mm 时的加速度信号频谱

由图 3.27 分析可知，当刀具悬长为 20mm 时，平均切削力为 4.327N；当刀具悬长为 25mm 时，平均切削力为 4.189N，比刀具悬长为 20mm 时减小了约 3.19%；当刀具悬长为 30mm 时，平均切削力为 4.057N，比刀具悬长为 25mm 时减小了约

3.15%。由此可见，随着刀具悬长的增加，平均切削力略微减小，且差异不大。

　　由图 3.28 分析可知，当刀具悬长为 20mm 时，加速度信号在机器人固有频率处出现峰值，证明发生了模态耦合颤振；当刀具悬长为 25mm 时，加速度信号在机器人固有频率处的峰值急剧减小，可认为此时为稳定切削状态；当刀具悬长为 30mm 时，加速度信号在机器人固有频率处的峰值消失，认为此时系统稳定。由此可见，刀具悬长越短，越容易发生模态耦合颤振。

　　综上所述，刀具悬长是影响机器人铣削加工模态耦合颤振的重要因素之一。当刀具悬长较短时，切削力产生的能量能够传递到机器人本体；当刀具悬长较长时，刀具的柔性增加，会吸收一部分振动能量，致使振动传递减弱或中断。

3.6.3　顺逆铣对模态耦合颤振的影响

　　在铣削加工中，可分为两种铣削方式，即顺铣和逆铣，如图 3.29 所示。机器人进给方向用 f 表示。采用主轴转速为 9000r/min、进给速度为 15mm/min 和切削深度为 0.1mm 的切削参数，分别以顺铣和逆铣的铣削方式对材料为 Al6061 的工件进行半槽铣削加工实验。实验中的切削力和加速度信号频谱分别如图 3.30 和图 3.31 所示。

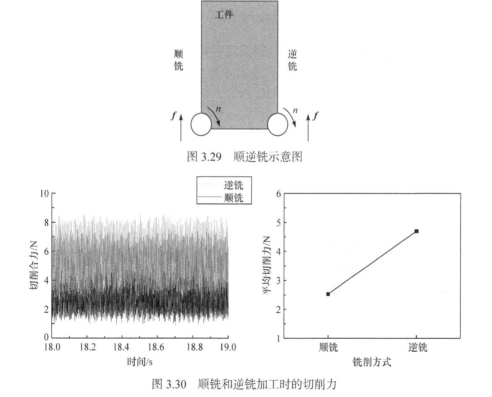

图 3.29　顺逆铣示意图

图 3.30　顺铣和逆铣加工时的切削力

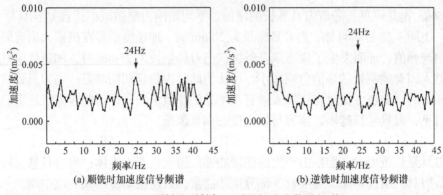

(a) 顺铣时加速度信号频谱　　　　　　　(b) 逆铣时加速度信号频谱

图 3.31　顺铣和逆铣加工时的加速度信号频谱

　　由图 3.30 分析可知，当顺铣加工时，平均切削力为 2.529N；当逆铣加工时，平均切削力为 4.698N，增加了约 85.8%。因此，在相同切削条件下，逆铣会产生更大的切削力。

　　由图 3.31 分析可知，逆铣时，在接近机器人固有频率处的加速度峰值更明显。因此，在机器人铣削过程中应避免逆铣，以防止产生更大的切削力，进而避免发生模态耦合颤振。

3.6.4　切削材料对模态耦合颤振的影响

　　为验证不同切削材料对模态耦合颤振的影响，采用主轴转速为 9000r/min、进给速度为 15mm/min 和切削深度为 0.05mm 的切削参数，分别对材料为 Al1060、Al6061 和 Ti 的工件进行机器人全槽铣削加工实验。实验中得到的切削力和加速度信号频谱分别如图 3.32 和图 3.33 所示。

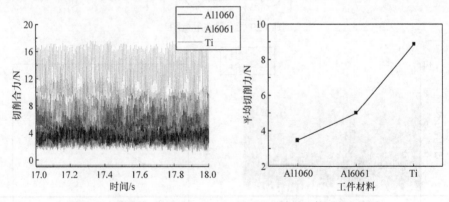

图 3.32　铣削加工 Al1060、Al6061 和 Ti 材料工件时的切削力

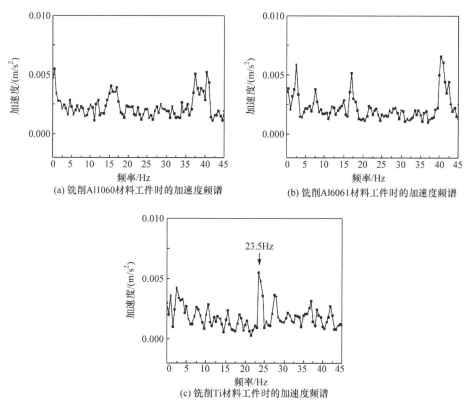

(a) 铣削Al1060材料工件时的加速度频谱

(b) 铣削Al6061材料工件时的加速度频谱

(c) 铣削Ti材料工件时的加速度频谱

图 3.33　铣削加工 Al1060、Al6061 和 Ti 材料工件时的加速度频谱

　　由图 3.32 分析可知，当铣削 Al1060 材料工件时，平均切削力为 3.485N；当铣削 Al6061 材料工件时，平均切削力为 5.015N，比铣削 Al1060 材料工件时增加了约 43.9%；当铣削 Ti 材料工件时，平均切削力为 8.897N，比铣削 Al6061 材料工件时增加了约 77.4%，这是由于 Ti 材料工件的硬度比铝合金材料硬度大得多，因此切削力会急剧上升。

　　由图 3.33 分析可知，铣削 Ti 材料工件时，加速度在机器人固有频率附近出现了明显的峰值，发生了模态耦合颤振。由于 Ti 材料工件硬度比铝合金大，铣削时会产生更大的切削力，因此，在铣削加工材料硬度较大的工件时，应适当采取相对更保守的切削参数，以降低切削力，进而避免模态耦合颤振的发生。

3.7　本　章　小　结

　　本章首先介绍了机器人铣削动力学模型、稳定性分析判据和切削力简化方法；

然后介绍了基于刚度定向的机器人铣削加工无颤振路径优化方法；最后介绍了机器人铣削加工颤振稳定性分析案例和不同铣削加工条件对机器人模态耦合颤振的影响。

　　机器人切削加工过程存在模态耦合颤振，且颤振频率与机器人结构的低阶固有频率接近，颤振发生时整个机器人结构都会振动起来。机器人模态耦合颤振分析的关键是切削力的建模和简化问题，在实际的建模和分析中，需要抓住问题的主要矛盾对其进行合适的简化。但是，学者对于简化的假设仍存在分歧。此外，机器人切削在医疗等领域具有良好的应用前景，其轨迹规划尚存在待解决的问题。

参 考 文 献

[1] Pan Z X, Zhang H, Zhu Z Q, et al. Chatter analysis of robotic machining process[J]. Journal of Materials Processing Technology, 2006, 173(3): 301-309.

[2] Cen L, Melkote S N. CCT-based mode coupling chatter avoidance in robotic milling[J]. Journal of Manufacturing Processes, 2017, 29: 50-61.

第4章　车削颤振可靠性

车削加工系统可靠性研究由来已久，但这类研究发展缓慢，主要原因是机床切削加工系统是一个在多变条件下工作的十分复杂的结构，其动力学参数和切削过程中的动态参数也受到分析工具和测试水平的限制而很难准确识别。科学技术的发展使得车床切削动态参数能够有效地识别出来，但是仍然存在不可避免的误差。

Schmitz 等[1]认为测量结果是对某一特定测量值的近似或估计。因此，只有当结果伴随有表示测量不确定性的定量值时，才能认为结果是完整的。基于此，车削加工系统结构参数的不确定性对稳定性叶瓣图的影响应该被研究。

Duncan 等[2]研究了随机参数对铣削过程中稳定性叶瓣图的影响。他们使用平均值以及基于标准差的下限值和上限值确定代表叶瓣图的三条曲线，然而，没有提供表示不确定性影响的定量指标。考虑到不确定性，Graham 等[3]提出了鲁棒颤振稳定性模型固有频率和切割系数。Sims 等[4]将模糊算法应用于颤振稳定性问题。结果表明，模糊算法可以用来求解不确定参数具有鲁棒性的工艺设计问题。对于实际铣削过程中的不确定因素，Zhang 等[5]提出了一个速度优化公式，其中分别以曲面定位误差的上界和叶瓣图的下界作为优化对象和约束条件。

本章引入可靠性理论分析切削加工系统的稳定性问题，用车削加工系统的可靠度来具体表示车削加工系统不发生颤振的可靠程度。将车削加工系统中的动力学参数 m、c、k 及主轴转速 Ω 作为随机变量，利用蒙特卡罗法、改进一次二阶矩法及二次四阶矩法求解系统的可靠度，并且利用蒙特卡罗法求解可靠度对车削加工系统各参数的灵敏度，找出对系统可靠性影响较大的参数。

4.1　车削动力学模型

4.1.1　外圆车削力学模型

图 4.1 显示了面向车削操作中的再生颤振切削系统的动力学模型。对动力学模型进行了以下假设：①工件刚性良好，刀架系统是整个切削系统的薄弱环节，也是车削加工系统的主振系统；②振动系统是线性的，振动系统的弹性恢复力与振动位移成正比；③动态切削力的方向与稳态切削力的方向一致，同时阻尼力与主振系统的振动速度成正比；④切削厚度的动态变化只由再生效应产生。

外圆车削加工系统的动力学模型如图 4.1 所示。动态切削力沿刀具振动方向可表示如下：

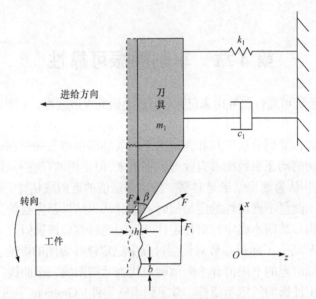

图 4.1　车削过程中动力学模型

$$F(t) = K_s b h(t) \tag{4.1}$$

$$h(t) = h_m + x(t - T) - x(t) \tag{4.2}$$

$$T = \frac{60}{\Omega} \tag{4.3}$$

式中，F 为切削力(N)；b 为切削深度(m)；K_s 为切削力系数(N/m²)；h 为连续两转之间的切削厚度的变化；h_m 为平均切削厚度或每转的指定进给量。

　　机床振动系统的动态微分方程为

$$m\ddot{x}(t) + c\dot{x}(t) + kx(t) = k_n b \left(h_m + x\left(t - \frac{60}{\Omega} \right) - x(t) \right) \tag{4.4}$$

式中，m 为振动系统的等效质量(kg)；c 为振动系统的等效阻尼(N·s/m)；k 为振动系统的等效刚度(N/m)；k_n 为正常的法向刚度系数(N/m²)，$k_n = K_s \cos\beta$。

4.1.2　稳定性分析回顾

　　车削加工系统运动的自由振动方程可描述为

$$\ddot{x}(t) + 2\omega_n \zeta \dot{x}(t) + \omega_n^2 x(t) = 0 \tag{4.5}$$

$$\omega_n^2 = \frac{k}{m} \tag{4.6}$$

$$\zeta = c / (2\sqrt{mk}) \tag{4.7}$$

式中，ω_n 为切削振动系统的固有频率(rad/s)；ζ 为切削振动系统的等效阻尼比。

结合式(4.5)～式(4.7)，并利用拉普拉斯变换，得到如下频响函数：

$$H(\mathrm{i}\omega) = \frac{1}{k\left(\dfrac{(\mathrm{i}\omega)^2}{\omega_n^2} + \mathrm{i}\dfrac{2\zeta\omega}{\omega_n} + 1\right)} \tag{4.8}$$

式(4.8)分为实部和虚部两部分：

$$\mathrm{Re}(H) = \frac{1}{k}\left(\frac{1-r^2}{(1-r^2)^2 + (2\zeta r)^2}\right) \tag{4.9}$$

$$\mathrm{Im}(H) = \frac{1}{k}\left(\frac{-2\zeta r}{(1-r^2)^2 + (2\zeta r)^2}\right) \tag{4.10}$$

式中，$r=\omega/\omega_n$。

切削振动系统的极限切削深度 $b_{\lim}$ 如式(4.11)所示。颤振频率 ω_c(rad/s)与主轴转速 Ω(r/min)之间的关系如式(4.12)所示，其中 $N = 0, 1, 2, \cdots$ 为振动波的整数(叶瓣数)，ε 为波的附加部分的相位(rad)。

$$b_{\lim} = -\frac{1}{2K_s\mathrm{Re}(H)} \tag{4.11}$$

$$\frac{\omega_c}{2\pi\Omega} = N + \frac{\varepsilon}{2\pi} \tag{4.12}$$

$$\varepsilon = 2\pi - 2\arctan\left(\frac{\mathrm{Re}(H)}{\mathrm{Im}(H)}\right) \tag{4.13}$$

典型的稳定性叶瓣图如图 4.2 所示，其中 Ω 与 $b_{\lim}$ 系列曲线将空间分成两个

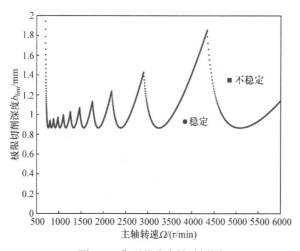

图 4.2　典型的稳定性叶瓣图

区域。出现在稳定性边界上方的任何(Ω，b_{lim})是不稳定的，出现在稳定性边界下方的(Ω，b_{lim})是稳定的。

4.2　车削颤振系统可靠性建模

使用蒙特卡罗法给出的结构参数具有随机分布特性时的稳定性叶瓣图如图 4.3 所示。参数 m、c、k 是具有一定平均值和标准差的正态分布随机变量。每个参数的平均值和标准差如下：m(10.0610，0.1)(kg)、c(1832.3，30)(N·s/m)、k(7.34×10^6，1×10^5)(N/m)。图 4.3 中显示了 20 组样本获得的稳定性叶瓣图。

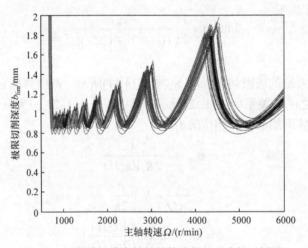

图 4.3　具有随机分布特性结构参数的稳定性叶瓣图

4.2.1　使用 m、c、k 和 Ω 进行可靠性建模

如果结构无法执行其预期功能，则结构失效。很明显，"失效"一词可以有不同的含义。在进行结构可靠性分析之前，必须明确定义故障。极限状态的概念用于帮助在结构可靠性分析的背景下定义故障。极限状态是结构的期望和不期望性能之间的边界。

车削加工系统的极限状态被定义为临界稳定状态。"失效"意味着失去加工稳定性，并且由于切削力的变化，刀具的振动位移幅度将无限大。而"安全性"或"可靠性"意味着稳定的加工，并且切削刀具的振动因阻尼而衰减。

对于车削过程，需要确定是否会出现颤振，换句话说，对于给定的主轴转速 Ω 和切削深度 b，需要确定没有颤振的概率。车削过程的颤振可靠度定义为在具有随机结构参数 m、c、k 和制造参数 Ω 和 b 的动态系统中不发生颤振的概率。

车削加工系统在临界状态的功能函数可表示为

$$g_u(\boldsymbol{U}) = b - b_{\lim} \tag{4.14}$$

式中，b 为给定的切削深度；$\boldsymbol{U}$ 为随机变量矢量，$\boldsymbol{U} = (m, c, k, \Omega)^{\mathrm{T}}$，三个结构参数 m、c、k 和主轴转速 Ω 为具有已知分布的相关随机变量。

于是，车削加工系统可靠度定义为给定工艺参数下切削深度小于极限切削深度的概率。可靠性模型表示为

$$R_s = P(g_u(\boldsymbol{U}) < 0) = \int_{U_R} f_U(u)\mathrm{d}u \tag{4.15}$$

式中，$f_U(u)$ 为随机向量的联合概率密度；U_R 为基本变量空间的安全区域，即 $g_u(\boldsymbol{U})$ 为安全区域；$P(\cdot)$ 为概率密度函数。

然而，由于 N 的存在，$g_u(\boldsymbol{U})$ 难以表示为 $\boldsymbol{U} = (m, c, k, \Omega)^{\mathrm{T}}$ 的函数。这是因为对于指定的颤振频率 ω_c，存在一个极限切削深度 $b_{\lim}$ 和 N 个主轴转速 Ω，可以将性能函数表示为新随机向量 $\boldsymbol{X} = (m, c, k, \omega_c)^{\mathrm{T}}$ 的函数。

4.2.2　使用 m、c、k 和 ω_c 进行可靠性建模

由式(4.6)、式(4.7)、式(4.9)和式(4.11)可知，$b_{\lim}$ 的表达式为

$$b_{\lim} = -\frac{(k - \omega_c^2 m)^2 + c^2 \omega_c^2}{2K_s(k - \omega_c^2 m)} \tag{4.16}$$

可靠性模型进一步表述为

$$R_s = P(g_X(\boldsymbol{X}) < 0) = \int_{X_R} f_X(x)\mathrm{d}x \tag{4.17}$$

式中，$\boldsymbol{X}$ 由 m、c、k 和 ω_c 组成。一般情况下，结构参数 m、c、k 服从正态分布，ω_c 与 m、c、k 有关。ω_c 的分布由随机变量 m、c、k 和 Ω 决定。与颤振频率有关的可靠性模型现在可解析求解。

4.3　改进一次二阶矩法求解模型

在车削加工过程中，颤振频率表示成结构参数 m、c、k 和主轴转速 Ω 的函数：

$$\omega_c = 2\pi\Omega\left(N + \left(1 - \frac{1}{\pi}\arctan\left(\frac{\mathrm{Re}(H)}{\mathrm{Im}(H)}\right)\right)\right) \tag{4.18}$$

式中，ω_c 为颤振频率(rad/s)；N 为稳定性叶瓣图中的叶瓣数，$N = 0, 1, 2, \cdots$；Ω 为

主轴转速(r/min)。

4.3.1　颤振频率参数分布估计

　　假设车削加工过程中的结构参数 m、c、k 和加工参数 Ω 服从正态分布。为了计算车削加工过程中的可靠度，需要获得均值和标准差。由式(4.6)、式(4.7)、式(4.9)、式(4.10)和式(4.18)，可以观察到颤振频率是随机变量 m、c、k 和 Ω 的函数。根据通过实验获得的给定参数的平均值和标准差，使用 MATLAB 中的随机数生成器生成 m、c、k 和 Ω 的随机变量，可以计算得到每个采样组的 ω_c。为了确定样本的分布，需要进行拟合优度测试。实例表明，颤振频率服从正态分布。根据 ω_c 的值估计总体均值和标准差，分别估计颤振频率 ω_c 和变量 m、c、k 之间的相关系数。

4.3.2　改进一次二阶矩法求解车削加工系统可靠性

　　改进一阶二阶矩法将失效面泰勒展开点处的性能函数线性化，这种方法使用基本随机变量的真实分布。可靠度按照下述方法计算。

　　车削加工系统的极限状态方程为

$$Z = g_X(\boldsymbol{X}) = 0 \tag{4.19}$$

假设基本随机变量 $\boldsymbol{X}=(X_1, X_2, X_3, X_4)^{\mathrm{T}}$ 是正态分布的相关随机变量。$X_i\,(i=1, 2, 3, 4)$ 分别是 m、c、k 和 ω_c。ω_c 与 m、c 和 k 相关且相关系数矩阵为

$$\boldsymbol{\rho} = \begin{bmatrix} 1 & 0 & 0 & \rho_{X_1X_4} \\ 0 & 1 & 0 & \rho_{X_2X_4} \\ 0 & 0 & 1 & \rho_{X_3X_4} \\ \rho_{X_4X_1} & \rho_{X_4X_2} & \rho_{X_4X_3} & 1 \end{bmatrix} \tag{4.20}$$

式中，$\rho_{X_iX_j}$ 为变量 X_i 和 X_j 的相关系数。

　　每个随机变量的标准差为 $\sigma_i\,(i=1, 2, 3, 4)$，车削加工系统的协方差矩阵为

$$\boldsymbol{C} = \begin{bmatrix} \sigma_1^2 & 0 & 0 & \rho_{X_1X_4}\sigma_1\sigma_4 \\ 0 & \sigma_2^2 & 0 & \rho_{X_2X_4}\sigma_2\sigma_4 \\ 0 & 0 & \sigma_3^2 & \rho_{X_3X_4}\sigma_3\sigma_4 \\ \rho_{X_4X_1}\sigma_4\sigma_1 & \rho_{X_4X_2}\sigma_4\sigma_2 & \rho_{X_4X_3}\sigma_4\sigma_3 & \sigma_4^2 \end{bmatrix} \tag{4.21}$$

　　矩阵 $\boldsymbol{C}$ 为 4 阶对称正定方阵，则存在 4 个实特征根和 4 个线性无关且正交的

特征向量。设 A 的各列由矩阵 C 的规则化特征向量组成，对该系统的随机变量所组成的向量进行正交变换可得

$$X = AY \tag{4.22}$$

向量 X 变成线性无关的向量 Y，则 Y 的均值和方差分别为

$$\boldsymbol{\mu}_Y = A^{\mathrm{T}} \boldsymbol{\mu}_X \tag{4.23}$$

$$\boldsymbol{\sigma}_Y^2 = A^{\mathrm{T}} C A \tag{4.24}$$

极限状态函数可以用不相关的正态随机变量 Y 表示为

$$Z = g_X(X) = g_X(AY) = g_Y(Y) \tag{4.25}$$

使用检查点法求随机变量的微分 Y：

$$\frac{\partial g_Y(Y)}{\partial Y_i} = A^{\mathrm{T}} \frac{\partial g_X(X)}{\partial X_i} \tag{4.26}$$

选择一个平均点 $X^* = (m^*, c^*, k^*, \omega_c^*)^{\mathrm{T}}$ 为初始检查点。于是，Y^* 初始值为

$$Y^* = A^{\mathrm{T}} \boldsymbol{\mu}_X \tag{4.27}$$

随机向量 X 的偏微分表示为

$$\frac{\partial g_X(X)}{\partial m} = -\frac{\omega_c^2(-c^2\omega_c^2 + k^2 - 2km\omega_c^2 + m^2\omega_c^4)}{2K_s(k - m\omega_c^2)^2} \tag{4.28}$$

$$\frac{\partial g_X(X)}{\partial c} = \frac{c\omega_c^2}{K_s(k - m\omega_c^2)} \tag{4.29}$$

$$\frac{\partial g_X(X)}{\partial k} = \frac{1}{2K_s} - \frac{c^2\omega_c^2}{2K_s(k - m\omega_c^2)^2} \tag{4.30}$$

$$\frac{\partial g_X(X)}{\partial \omega_c} = -\frac{m\omega_c}{K_s} + \frac{c^2 k\omega_c}{K_s(k - m\omega_c^2)^2} \tag{4.31}$$

将式(4.28)～式(4.31)代入式(4.26)，得到 Y 的线性不相关随机变量的微分。

在随机变量 Y 的空间中，等式 $Z_L = 0$ 是经过点 Y^* 的极限状态切平面。通过使用独立随机变量线性组合的性质，得到 Z_L 的均值和标准差为

$$\mu_{Z_L} = g(Y^*) + \sum_{i=1}^{4} \frac{\partial g(Y^*)}{\partial Y_i}(\mu_{Y_i} - Y_i^*) \tag{4.32}$$

$$\sigma_{Z_L} = \sqrt{\sum_{i=1}^{4} \left[\frac{\partial g(Y^*)}{\partial Y_i} \right]^2 \sigma_{Y_i}^2} \tag{4.33}$$

获得系统的可靠度指数为

$$\beta = \frac{\mu_{Z_L}}{\sigma_{Z_L}} \tag{4.34}$$

变量 Y_i 的灵敏度系数定义为

$$\cos\theta_{Y_i} = -\frac{\dfrac{\partial g(\boldsymbol{Y}^*)}{\partial Y_i}\sigma_{Y_i}}{\sqrt{\displaystyle\sum_{i=1}^{4}\left(\dfrac{\partial g(\boldsymbol{Y}^*)}{\partial Y_i}\sigma_{Y_i}\right)^2}} \tag{4.35}$$

因此，新的 $\boldsymbol{Y}^*$ 为

$$\boldsymbol{Y}^* = \mu_{Y_i} + \beta\sigma_{Y_i}\cos\theta_{Y_i}, \quad i=1,2,3,4 \tag{4.36}$$

新的 $\boldsymbol{X}^*$ 为

$$\boldsymbol{X}^* = \boldsymbol{A}\boldsymbol{Y}^* \tag{4.37}$$

将误差设置为 $\varepsilon=10^{-6}$，进行多次迭代，直到两次连续迭代之间的差异$\|\boldsymbol{X}^*\|$小于 ε。将此时的 β 值代入系统可靠度函数：

$$p_r = \Phi(\beta) \tag{4.38}$$

式中，$\Phi(\beta)$ 表示 $\displaystyle\int_{-\infty}^{\beta}\frac{1}{\sqrt{2\pi}}\mathrm{e}^{-\frac{t}{2}}\mathrm{d}t$。

4.4 四阶矩法求解可靠性

求二阶偏导如下：

$$\frac{\partial^2 g_X(\boldsymbol{X})}{\partial \boldsymbol{X}^2}$$

$$=\begin{pmatrix}
-\dfrac{c^2\omega_c^6}{K_s(k-m\omega_c^2)^3} & -\dfrac{c\omega_c^4}{K_s(k-m\omega_c^2)^2} & \dfrac{c^2\omega_c^4}{K_s(k-m\omega_c^2)^3} & \dfrac{\omega_c}{K_s}-\dfrac{2c^2k\omega_c^3}{K_s(k-m\omega_c^2)^3} \\[3mm]
-\dfrac{c\omega_c^4}{K_s(k-m\omega_c^2)^2} & -\dfrac{\omega_c^2}{K_s(k-m\omega_c^2)} & \dfrac{c\omega_c^2}{K_s(k-m\omega_c^2)^2} & \dfrac{2ck\omega_c}{K_s(k-m\omega_c^2)^2} \\[3mm]
\dfrac{c^2\omega_c^4}{K_s(k-m\omega_c^2)^3} & \dfrac{c\omega_c^2}{K_s(k-m\omega_c^2)^2} & -\dfrac{c^2\omega_c^2}{K_s(k-m\omega_c^2)^3} & \dfrac{c^2\omega_c(m\omega_c^2+k)}{K_s(k-m\omega_c^2)^3} \\[3mm]
\dfrac{\omega_c}{K_s}-\dfrac{2c^2k\omega_c^3}{K_s(k-m\omega_c^2)^3} & \dfrac{2ck\omega_c}{K_s(k-m\omega_c^2)^2} & \dfrac{c^2\omega_c(m\omega_c^2+k)}{K_s(k-m\omega_c^2)^3} & \dfrac{m}{K_s}-\dfrac{c^2k(3m\omega_c^2+k)}{K_s(k-m\omega_c^2)^3}
\end{pmatrix}$$

$$\tag{4.39}$$

随机变量 $\boldsymbol{X}$ 的前四阶中心矩为

$$\mu_{X_1} = 0 \tag{4.40}$$

$$\mu_{X_2} = \sigma_X^2 \tag{4.41}$$

$$\mu_{X_3} = C_{sX}\sigma_X^3 \tag{4.42}$$

$$\mu_{X_4} = C_{kX}\sigma_X^4 \tag{4.43}$$

根据四阶矩理论，将功能函数的均值、标准差、三阶矩和四阶矩展开依次写成如下形式：

$$\mu_g = E\big[g(\boldsymbol{X})\big] = g(\mu_X) + \frac{1}{2}\sum_{i=1}^{n}\left(\frac{\partial^2 g(\mu_X)}{\partial \boldsymbol{X}_i^2}\right)\sigma_{X_i}^2 \tag{4.44}$$

$$\sigma_g = \text{Var}\big[g(\boldsymbol{X})\big] = \left(\left(\frac{\partial g_X(\boldsymbol{X})}{\partial \boldsymbol{X}}\right)^{\text{T}}\right)^2 \sigma_X^2 + 2\left(\frac{\partial g_X(\boldsymbol{X})}{\partial \boldsymbol{X}_m}\frac{\partial g_X(\boldsymbol{X})}{\partial \boldsymbol{X}_\omega}\sigma_m\sigma_\omega\rho_{m\omega}\right.$$
$$\left. + \frac{\partial g_X(\boldsymbol{X})}{\partial \boldsymbol{X}_c}\frac{\partial g_X(\boldsymbol{X})}{\partial \boldsymbol{X}_\omega}\sigma_c\sigma_\omega\rho_{c\omega} + \frac{\partial g_X(\boldsymbol{X})}{\partial \boldsymbol{X}_k}\frac{\partial g_X(\boldsymbol{X})}{\partial \boldsymbol{X}_\omega}\sigma_k\sigma_\omega\rho_{k\omega}\right)$$
$$\tag{4.45}$$

$$\theta_g = C_3\big[g(\boldsymbol{X})\big] = \sum_{i=1}^{n}\left(\frac{\partial g(\mu_X)}{\partial \boldsymbol{X}_i^{\text{T}}}\right)^3 \mu_{X_3} \tag{4.46}$$

$$\eta_g = C_4\big[g(\boldsymbol{X})\big] = \sum_{i=1}^{n}\left(\frac{\partial g(\mu_X)}{\partial \boldsymbol{X}_i^{\text{T}}}\right)^4 \mu_{X_4} \tag{4.47}$$

因此，功能函数的偏态系数为

$$\alpha_{3g} = \theta_g\big/\sigma_g^3 \tag{4.48}$$

功能函数的峰态系数为

$$\alpha_{4g} = \eta_g\big/\sigma_g^4 \tag{4.49}$$

功能函数二阶矩法的可靠度指标为

$$\beta_{\text{SM}} = \mu_g\big/\sigma_g \tag{4.50}$$

得到基于前四阶矩的可靠度指标和可靠度估计量为

$$\beta_{\text{FM}} = \frac{3\left(\alpha_{4g}-1\right)\beta_{\text{SM}} + \alpha_{3g}\left(\beta_{\text{SM}}-1\right)}{\sqrt{\left(9\alpha_{4g}-5\alpha_{3g}^2-9\right)\left(\alpha_{4g}-1\right)}} \tag{4.51}$$

$$p_{\text{rFM}} = \phi\big(\beta_{\text{FM}}\big) \tag{4.52}$$

在(Ω, b)平面内，使用具有适当增量的网格，可以计算坐标为(Ω_m, b_n)的节点处的可靠度。如果数据足够，则可以获得给定可靠度等级 p_r^* 的轮廓线。(Ω, b)平面中的等高线图被定义为可靠性叶瓣图并具有叶瓣形状。与稳定性叶瓣图相比，可靠性叶瓣图可用于估计选定点的可靠度。

可靠性叶瓣图和稳定性叶瓣图如图 4.4 所示，SLD 表示稳定性叶瓣图，RLD 表示可靠性叶瓣图。SLD 上方的任何(Ω, b)表示不可靠的行为，并且稳定概率(不发生颤振)大于 p_r^*。然而，出现在边界下方的任何(Ω, b)都被认为是可靠的，并且稳定概率(不发生颤振)小于 p_r^*。

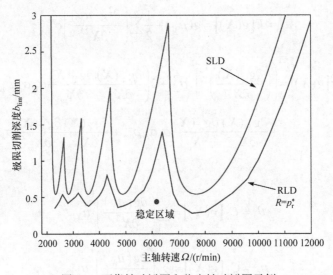

图 4.4　可靠性叶瓣图和稳定性叶瓣图示例

4.5　案　例　分　析

4.5.1　车削实验的数据采集与分析

该实验在车削加工系统上进行，如图 4.5 所示。振动信号采集系统、模态分析软件、模态力锤和加速度计用于在车削加工系统实验中进行数据收集。频率响应函数测试沿工具的 x 方向进行。用力锤敲击刀尖点，从测试系统获得的频率响应函数如图 4.6 所示。当采集系统在车床上的测量点捕获频率响应函数时，可以根据频率响应函数识别参数并确定 m、c 和 k。实验结果列于表 4.1 中。

图 4.5　车削加工系统的动态结构试验

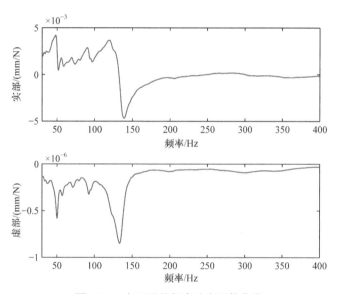

图 4.6　x 向刀具的频率响应函数曲线

表 4.1　识别车削加工系统的 m、c 和 k 值

方向	固有频率/Hz	质量/kg	阻尼/(N·s/m)	刚度/(N/m)
x	136	10.0610	1832.3	$7.34×10^6$

　　刀具在 x 向的固有频率为 136Hz。由于前二阶模态的固有频率 71Hz 和 93Hz 处的振幅远小于第三阶模态固有频率 136Hz 的振幅，第三阶模态对稳定性叶瓣图有主要的影响。因此，基于 x 向的第三阶模态选择结构参数 m、c 和 k。

4.5.2　车削过程中颤振频率的分布

在车削过程中，由于设备、传感器、温度、操作员等因素影响，很难得到动态参数的准确值。因此，将它们视为随机变量是合理的。

经过 20 次测试后，确定每个参数的平均值和标准差，结果如下：m (11.78, 0.68)(kg)、c (1464.9, 79.6)(N·s/m) 和 k (8.22×10^6, 4.20×10^5)(N/m)。当机器正常工作时，主轴转速可以被视为正态分布，标准差设定为 Ω (Ω_0, 1.2425)(r/min)。Ω_0 是主轴转速的平均值。

考虑单自由度系统，其中动态参数 m、c、k 等于测试结果的平均值。随着主轴转速的增加，系统极限切削深度 b_{lim} 和颤振频率 ω_c 的变化如图 4.7 所示。

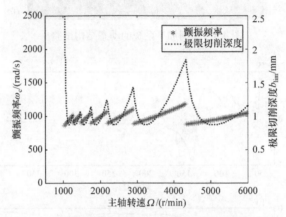

图 4.7　具有均值的系统稳定性叶瓣图和颤振频率图

对参数 m、c、k 和 Ω 进行 10000 次采样，可以得到颤振频率 ω_c 的样本。不同主轴转速下的颤振频率分布直方图如图 4.8 所示。动态参数 m、c、k 和 Ω 在车削加工系统中

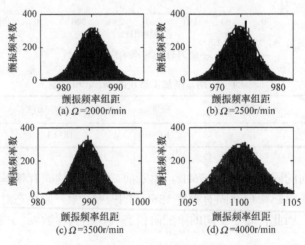

图 4.8　稳定性叶瓣图和具有平均值的系统的颤振频率图

是正态分布，车削加工系统的颤振频率将按照正态分布变化。虽然结论是从主轴转速为 2000r/min、2500r/min、3500r/min 和 4000r/min 的情况得出的，但对于所有主轴转速都是相同的。由图 4.7 可以看出，颤振频率在极限切削深度的交叉点附近急剧变化，因此，从数学上讲，颤振频率不是连续的。它不适合在交叉点附近直接使用一阶矩法和四阶矩法。可以通过从稳定性叶瓣图的相邻叶瓣计算可靠度，并且选择结果的最小值作为此点的可靠度来解决这一问题。

在主轴转速 Ω=3500r/min 下，对颤振频率的样品进行拟合优度检验。在显著性水平为 5%的条件下，测试结果表明该车削加工系统的颤振频率可以服从正态分布。

当主轴转速 Ω=3500r/min 时，对车削加工系统的 4 个随机变量样本求相关系数，分别求得：m 与 ω_c 的相关系数为–0.6581，c 与 ω_c 的相关系数为 0.2728，k 与 ω_c 的相关系数为 0.6762。

4.5.3　蒙特卡罗法求解车削加工系统的可靠度

根据平均值、标准差和随机向量 X 的相关系数，采用蒙特卡罗法采样，获得了 100 万个 X 样品。将 X 值代入式(4.53)，可靠度的表达式为

$$R_s = \frac{n_r}{N} \tag{4.53}$$

式中，n_r 为 $g_X(X)>0$ 的次数；N 为采样的总数；R_s 为蒙特卡罗法的可靠度。

稳定性叶瓣图如图 4.9 所示，图中显示了其均值、均值加标准差和均值减标准差。验证了 100 多个样本，并计算了可靠度。每个点代表数据(Ω, b_{lim})。当 R_s 值大于 0.9 时，可靠度用"•"表示，当 R_s 值小于等于 0.9 时，可靠度用"+"表示。

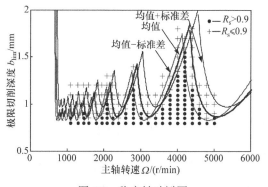

图 4.9　稳定性叶瓣图

4.5.4　一次二阶矩法求解车削加工系统的可靠度

为了保证车削加工系统的稳定性，应满足 $g_X(X)>0$ 的条件。如果给出切削深

度 b，则可以使用一次二阶矩法计算车削过程的可靠度，并将结果与使用蒙特卡罗法的结果进行比较，如表 4.2 所示。在 MATLAB 软件中进行仿真。

表 4.2　20 个测试模态参数样本

频率/Hz	质量/kg	阻尼/(N·s/m)	刚度/(N/m)	主轴转速/(r/min)
132.5	12.54	1536.07	$8.69×10^6$	2998.4
133	11.32	1422.94	$7.61×10^6$	3003.6
133.5	10.92	1371.93	$7.68×10^6$	3000.9
133.5	11.45	1402.60	$8.05×10^6$	2999.9
133	11.83	1486.57	$8.26×10^6$	3000.8
133	11.61	1422.94	$8.11×10^6$	2999.8
133.5	11.49	1407.56	$8.08×10^6$	2999.9
133.5	10.70	1344.09	$7.53×10^6$	3001.8
133.5	10.70	1344.09	$7.53×10^6$	3001.7
133.5	10.84	1362.52	$7.63×10^6$	3001.7
134	11.20	1407.30	$7.94×10^6$	3000.8
132.5	12.59	1541.98	$8.72×10^6$	2998.6
132.5	12.33	1549.94	$8.55×10^6$	3000.9
132.5	12.88	1578.46	$8.93×10^6$	3001.9
132.5	12.21	1495.90	$8.46×10^6$	3000.6
133	12.16	1490.27	$8.49×10^6$	3001.2
133	11.86	1490.27	$8.28×10^6$	3000.9
132	12.53	1574.09	$8.62×10^6$	2999.6
132	12.19	1569.99	$8.38×10^6$	3000.3
133	12.24	1499.61	$8.55×10^6$	2999.1

　　选择系统的每个随机变量的均值作为初始点。当连续步骤之间的差异小于 10^{-6} 时，停止迭代过程。

　　车削加工系统在不同主轴转速下可靠度随给定切削深度的变化如图 4.10 所示，可见通过一次二阶矩法、蒙特卡罗法计算的可靠度与给定切削深度的关系。图 4.10 显示一次二阶矩法和蒙特卡罗法的结果具有一致性。与传统的稳定性叶瓣图方法相比，一次二阶矩法不仅能够判断车削加工系统的稳定性，而且能够提供稳定的概率。

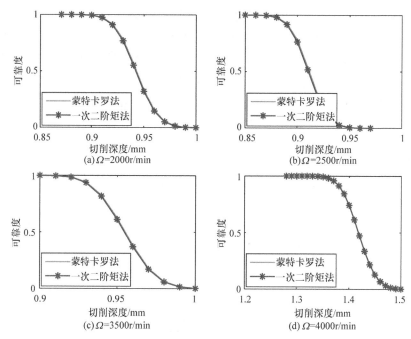

图 4.10 车削加工系统在不同主轴转速下可靠度随给定切削深度的变化

4.5.5 可靠性叶瓣图

将可靠度设置为 0.99,得到的可靠性叶瓣图如图 4.11 所示,并与稳定性叶瓣图进行比较。如图 4.11 所示,细线表示可靠性叶瓣图,粗线表示具有可靠为 0.99 级的稳定性叶瓣图。粗线下方的任何(Ω, b)都倾向于稳定的,而粗线以上的任何(Ω, b)都是不稳定的,细线以下的任何(Ω, b)都是可靠的,级数为 0.99。在粗线和细线之间的(Ω, b)

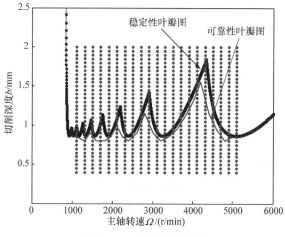

图 4.11 可靠性叶瓣图

是稳定的,但不可靠,因为可靠度小于 0.99 级的水平(表 4.3)。分别用蒙特卡罗法、一次二阶矩法、二次四阶矩法求解可靠度,并且通过表 4.3 分析矩法和蒙特卡罗法之间的相对误差,以证明矩法的优越性,其中相对误差 1 表示一次二阶矩法与蒙特卡罗法的相对误差,相对误差 2 表示二次四阶矩法与蒙特卡罗法的相对误差。

表 4.3 特定主轴转速和切削深度下的可靠度

主轴转速 /(r/min)	切削深度/mm	蒙特卡罗法	一次二阶矩法	二次四阶矩法	相对误差 1	相对误差 2
2000	0.87	0.999992	0.9999959	0.99999421	0.000398846	0.000221
	0.88	0.999943	0.9999359	0.999924114	0.000706946	0.001889
	0.89	0.999418	0.9993125	0.999290965	0.010547849	0.012713
	0.90	0.995576	0.9949823	0.995253121	0.059669435	0.032442
	0.91	0.977333	0.9746838	0.977062263	0.271803215	0.027709
	0.92	0.916426	0.9099124	0.919143292	0.715842965	0.295633
2500	0.87	0.997451	0.9969699	0.997717095	0.04824912	0.026670
	0.88	0.983126	0.9805663	0.984792802	0.261039332	0.169254
	0.89	0.925611	0.9174878	0.932298736	0.885371124	0.717338
3500	0.90	0.999717	0.9992368	0.999719249	0.048050131	0.00022
	0.91	0.997555	0.9950664	0.997681595	0.250088303	0.012689
	0.92	0.985736	0.9844855	0.986548366	0.127016141	0.082344
	0.93	0.9413	0.9369373	0.944598935	0.46563261	0.349242
4000	1.30	0.999984	0.9999903	0.999988766	0.000638076	0.000476
	1.32	0.999798	0.9998019	0.999786567	0.000393325	0.001143
	1.34	0.997622	0.9975613	0.99749934	0.006087353	0.012297
	1.36	0.981674	0.981709	0.981736255	0.003648694	0.006341
	1.38	0.914846	0.9144393	0.915444204	0.044472241	0.065346

4.5.6 实验验证

车削实验在机床上进行。对于颤振标准,用麦克风记录切割噪声以获得信号进行分析。主轴转速为 1600r/min,切削深度分别为 0.8mm 和 1.5mm。当切削深度为 0.8mm 时,表面光滑,切割噪声低而稳定,可靠度为 0.999955。当切削深度为 1.5mm 时发生颤振,在零件表面留下明显的振纹,如图 4.12 所示。可靠度可以忽略不计,大约为 $0(3.42 \times 10^{-233})$。使用麦克风记录的噪声信号和功率谱如图 4.13 所示。可以观察到,当切削深度为 0.8mm 时,344.7Hz 对应的振幅为 0.00112Pa^2;当切削深度为 1.5mm 时,346.1Hz 对应的振幅为 0.00603Pa^2,其振幅约为 0.8mm 时振幅的 6 倍。

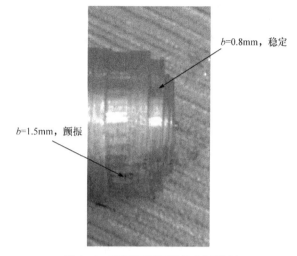

图 4.12　不同切削深度的表面处理

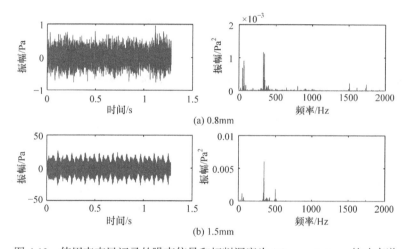

图 4.13　使用麦克风记录的噪声信号和切削深度为 0.8mm、1.5mm 的功率谱

　　通过更多测试以验证本节提出的方法。主轴转速设定为 1600r/min 和 2000r/min，切削深度为 0.6~1.5mm。在 1600r/min 和 2000r/min 下，可以得到级数为 0.99 的可靠度曲线的临界值分别为 0.853mm 和 0.905mm。可靠度为 0.99 和 0.1 的可靠性叶瓣图如图 4.14 所示。结果表明，由于不确定参数的存在，在不确定区域，用稳定性叶瓣图得到的实验结果和预测结果并不完全吻合。然而，当切削深度位于可靠性叶瓣图下方时，实验和预测的结果是相同的。不确定区域上方的点明显不稳定，不确定区域下方的点明显稳定。结果表明，本节的方法可以确定不确定区域的下限，为了避免颤振的发生，可以在可靠度曲线下选择切削参数。

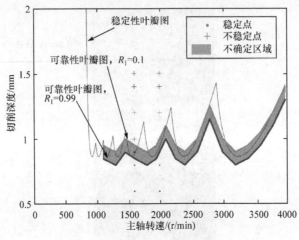

图 4.14　实验验证可靠性叶瓣图

4.6　车削颤振灵敏度

车削加工系统的结构复杂，其在车削加工过程中的动力学参数以及其他因素的变化对车削加工系统的可靠性影响非常大，为了进一步揭示各因素的变化对车削加工系统的影响程度，需要对各因素进行灵敏度研究，根据灵敏度研究的结果来严格控制某些因素变化对车削加工系统的影响，也可为车削加工系统设计与优化提供依据。

蒙特卡罗法求可靠性灵敏度的思路是首先将相关正态随机变量 X 等价地转换成独立正态随机变量 Y，然后在变换后的独立正态空间中求得独立变量情况下的可靠性灵敏度估计值 $\partial P_f / \partial \theta_y$，最后利用独立正态空间分布参数 θ_y 与相关正态空间分布参数 θ_x 的转换关系，由复合函数求导法则，将求得的估计值 $\partial P_f / \partial \theta_y$ 转换到相关空间，即可得到相关正态变量情况下的可靠性灵敏度估计值 $\partial P_f / \partial \theta_x$。

4.6.1　蒙特卡罗法求车削加工系统灵敏度

设车削加工系统的功能函数为

$$g(X) = b_{\lim} - b \tag{4.54}$$

已知车削加工系统随机变量 $X=(m, c, k, \omega)^{\mathrm{T}}$ 的分量为相关正态分布随机变量，各随机变量的均值和标准差分别为 $\boldsymbol{\mu}_X=[\mu_m \quad \mu_c \quad \mu_k \quad \mu_\omega]$，$\boldsymbol{\sigma}_X=[\sigma_m \quad \sigma_c \quad \sigma_k \quad \sigma_\omega]$，通过正交变换将相关正态随机变量 X 转换成独立正态随机变量 Y，两变量的关系为

$$Y = A^{\mathrm{T}} X \tag{4.55}$$

独立正态随机变量 Y 的均值和方差为

$$\boldsymbol{\mu}_Y = \boldsymbol{A}^{\mathrm{T}} \boldsymbol{\mu}_X \tag{4.56}$$

$$\boldsymbol{\sigma}_Y^2 = \boldsymbol{A}^{\mathrm{T}} \boldsymbol{C} \boldsymbol{A} \tag{4.57}$$

式中，$\boldsymbol{A}$ 为正交变换矩阵。

利用蒙特卡罗法求解失效概率对变量均值 μ_Y、标准差 σ_Y 及相关系数 $\rho_{Y_i Y_j}$ 的可靠性灵敏度估计值分别如下：

$$\frac{\partial \hat{P}_f}{\partial \mu_{Y_i}} = \frac{1}{N} \frac{1}{\sigma_{Y_i}} \sum_{k=1}^{N} I_F(y_k) \frac{y_{ki} - \mu_{Y_i}}{\sigma_{Y_i}} \tag{4.58}$$

$$\frac{\partial \hat{P}_f}{\partial \sigma_{Y_i}} = \frac{1}{N} \frac{1}{\sigma_{Y_i}} \sum_{k=1}^{N} I_F(y_k) \left(\left(\frac{y_{ki} - \mu_{Y_i}}{\sigma_{Y_i}} \right)^2 - 1 \right) \tag{4.59}$$

$$\frac{\partial \hat{P}_f}{\partial \rho_{Y_i Y_j}} = -\frac{1}{2N} \sum_{k=1}^{N} I_F(y_k) \left((\boldsymbol{Y}_k - \boldsymbol{\mu}_Y)^{\mathrm{T}} \frac{\partial \boldsymbol{C}_Y^{-1}}{\partial \rho_{Y_i Y_j}} (\boldsymbol{Y}_k - \boldsymbol{\mu}_Y) + \frac{1}{|\boldsymbol{C}_Y|} \frac{\partial |\boldsymbol{C} \boldsymbol{C}_Y|}{\partial \rho_{Y_i Y_j}} \right) \tag{4.60}$$

式中，N 为抽样次数；$I_F(y_k)$ 为功能函数 $g(\boldsymbol{X})<0$ 时对应的指示函数；y_{ki} 为第 k 次抽样时第 i 个变量的值，$i=1, 2, 3, 4$ 分别对应车削加工系统的随机变量 m、c、k 和 ω；$\boldsymbol{Y}_k = [y_{k1} \ y_{k2} \ y_{k3} \ y_{k4}]$；$\rho_{Y_i Y_j}$ 为第 i 个变量与第 j 个变量的相关系数，$j=1,2,3,4$ 分别对应车削加工系统的 m、c、k 和 ω；$\boldsymbol{C}_Y$ 为独立正态随机变量 Y 的协方差矩阵。

在独立正态空间中求得可靠度灵敏度估计值后，在相关正态空间下，可靠度对各变量均值的偏导数为

$$\frac{\partial P_f}{\partial \mu_{X_m}} = \frac{\partial P_f}{\partial \mu_{Y_m}} \frac{\partial \mu_{Y_m}}{\partial \mu_{X_m}} + \frac{\partial P_f}{\partial \mu_{Y_c}} \frac{\partial \mu_{Y_c}}{\partial \mu_{X_m}} + \frac{\partial P_f}{\partial \mu_{Y_k}} \frac{\partial \mu_{Y_k}}{\partial \mu_{X_m}} + \frac{\partial P_f}{\partial \mu_{Y_\omega}} \frac{\partial \mu_{Y_\omega}}{\partial \mu_{X_m}} \tag{4.61}$$

$$\frac{\partial P_f}{\partial \mu_{X_c}} = \frac{\partial P_f}{\partial \mu_{Y_m}} \frac{\partial \mu_{Y_m}}{\partial \mu_{X_c}} + \frac{\partial P_f}{\partial \mu_{Y_c}} \frac{\partial \mu_{Y_c}}{\partial \mu_{X_c}} + \frac{\partial P_f}{\partial \mu_{Y_k}} \frac{\partial \mu_{Y_k}}{\partial \mu_{X_c}} + \frac{\partial P_f}{\partial \mu_{Y_\omega}} \frac{\partial \mu_{Y_\omega}}{\partial \mu_{X_c}} \tag{4.62}$$

$$\frac{\partial P_f}{\partial \mu_{X_k}} = \frac{\partial P_f}{\partial \mu_{Y_m}} \frac{\partial \mu_{Y_m}}{\partial \mu_{X_k}} + \frac{\partial P_f}{\partial \mu_{Y_c}} \frac{\partial \mu_{Y_c}}{\partial \mu_{X_k}} + \frac{\partial P_f}{\partial \mu_{Y_k}} \frac{\partial \mu_{Y_k}}{\partial \mu_{X_k}} + \frac{\partial P_f}{\partial \mu_{Y_\omega}} \frac{\partial \mu_{Y_\omega}}{\partial \mu_{X_k}} \tag{4.63}$$

$$\frac{\partial P_f}{\partial \mu_{X_\omega}} = \frac{\partial P_f}{\partial \mu_{Y_m}} \frac{\partial \mu_{Y_m}}{\partial \mu_{X_\omega}} + \frac{\partial P_f}{\partial \mu_{Y_c}} \frac{\partial \mu_{Y_c}}{\partial \mu_{X_\omega}} + \frac{\partial P_f}{\partial \mu_{Y_k}} \frac{\partial \mu_{Y_k}}{\partial \mu_{X_\omega}} + \frac{\partial P_f}{\partial \mu_{Y_\omega}} \frac{\partial \mu_{Y_\omega}}{\partial \mu_{X_\omega}} \tag{4.64}$$

设 $\boldsymbol{B}=\boldsymbol{A}^{\mathrm{T}}$，其独立正态空间均值与相关正态空间均值的关系式为

$$\mu_{Y_i} = \sum_{k=1}^{4} b_{ik} \mu_{X_k} \tag{4.65}$$

故独立正态空间分布参数 $\boldsymbol{\mu}_Y$ 对相关正态空间分布参数 $\boldsymbol{\mu}_X$ 的偏导数可以根据式(4.65)求得。

在相关正态空间下的可靠度对各变量标准差的偏导数为

$$\frac{\partial P_f}{\partial \sigma_{X_k}} = \sum_{i=1}^{4} \frac{\partial P_f}{\partial \sigma_{Y_i}} \frac{\partial \sigma_{Y_i}}{\partial \sigma_{X_k}} + \sum_{i=1}^{4} \sum_{j=1, j \neq i}^{4} \frac{\partial P_f}{\partial \rho_{Y_i Y_j}} \frac{\partial \rho_{Y_i Y_j}}{\partial \sigma_{X_k}} \tag{4.66}$$

例如，根据式(4.66)对随机变量 m 进行展开，其具体公式为

$$\frac{\partial P_f}{\partial \sigma_{X_m}} = \frac{\partial P_f}{\partial \sigma_{Y_m}} \frac{\partial \sigma_{Y_m}}{\partial \sigma_{X_m}} + \frac{\partial P_f}{\partial \sigma_{Y_c}} \frac{\partial \sigma_{Y_c}}{\partial \sigma_{X_m}} + \frac{\partial P_f}{\partial \sigma_{Y_k}} \frac{\partial \sigma_{Y_k}}{\partial \sigma_{X_m}} + \frac{\partial P_f}{\partial \sigma_{Y_\omega}} \frac{\partial \sigma_{Y_\omega}}{\partial \sigma_{X_m}} + 2 \left(\frac{\partial P_f}{\partial \rho_{Y_m Y_c}} \frac{\partial \rho_{Y_m Y_c}}{\partial \sigma_{X_m}} \right.$$

$$+ \frac{\partial P_f}{\partial \rho_{Y_m Y_k}} \frac{\partial \rho_{Y_m Y_k}}{\partial \sigma_{X_m}} + \frac{\partial P_f}{\partial \rho_{Y_m Y_\omega}} \frac{\partial \rho_{Y_m Y_\omega}}{\partial \sigma_{X_m}} + \frac{\partial P_f}{\partial \rho_{Y_c Y_k}} \frac{\partial \rho_{Y_c Y_k}}{\partial \sigma_{X_m}} + \frac{\partial P_f}{\partial \rho_{Y_c Y_\omega}} \frac{\partial \rho_{Y_c Y_\omega}}{\partial \sigma_{X_m}} + \frac{\partial P_f}{\partial \rho_{Y_k Y_\omega}} \frac{\partial \rho_{Y_k Y_\omega}}{\partial \sigma_{X_m}} \right)$$

$$\tag{4.67}$$

独立正态空间标准差与相关正态空间标准差的关系式为

$$\sigma_{Y_i} = \left(\sum_{k=1}^{4} b_{ik}^2 \sigma_{X_k}^2 + \sum_{k=1}^{4} \sum_{l=1, l \neq k}^{4} b_{ik} b_{il} \rho_{X_k X_l} \sigma_{X_k} \sigma_{X_l} \right)^{\frac{1}{2}} \tag{4.68}$$

利用式(4.68)即可求得独立正态空间各随机变量标准差对相关正态空间各随机变量标准差的偏导数 $\partial \sigma_{Y_i} / \partial \sigma_{X_k}$。

在正交变换的过程中，独立正态空间各随机变量间的相关系数与相关正态空间标准差的关系式为

$$\rho_{Y_i Y_j} = \frac{1}{\sigma_{Y_i} \sigma_{Y_j}} \left(\sum_{k=1}^{4} b_{ik} b_{jk} \sigma_{X_k}^2 + \sum_{k=1}^{4} \sum_{l=1, l \neq k}^{4} b_{ik} b_{jl} \rho_{X_k X_l} \sigma_{X_k} \sigma_{X_l} \right) \tag{4.69}$$

根据式(4.69)即可求得独立正态空间各随机变量间的相关系数对相关正态空间各随机变量标准差的偏导数 $\partial \rho_{Y_i Y_j} / \partial \sigma_{X_k}$，其具体公式为

$$\frac{\partial \rho_{Y_i Y_j}}{\partial \sigma_{X_k}} = \frac{1}{\sigma_{Y_i} \sigma_{Y_j}} \left(2 \sum_{k=1}^{4} b_{ik} b_{jk} \sigma_{X_k} + 2 \sum_{l=1, l \neq k}^{4} b_{ik} b_{jl} \rho_{X_k X_l} \sigma_{X_l} \right) \tag{4.70}$$

以 $\partial \rho_{Y_m Y_c} / \partial \sigma_{X_m}$ 为例，利用式(4.70)进行展开，所得到的展开式为

$$\frac{\partial \rho_{Y_m Y_c}}{\partial \sigma_{X_m}} = \frac{2}{\sigma_{Y_m} \sigma_{Y_c}} (b_{11} b_{21} \sigma_{X_m} + b_{12} b_{22} \sigma_{X_c} + b_{13} b_{23} \sigma_{X_k} + b_{14} b_{24} \sigma_{X_\omega}$$

$$+ b_{11} b_{22} \rho_{X_m X_c} \sigma_{X_c} + b_{11} b_{23} \rho_{X_m X_k} \sigma_{X_k} + b_{11} b_{24} \rho_{X_m X_\omega} \sigma_{X_\omega}) \tag{4.71}$$

式中，b_{ij} 为矩阵 $\boldsymbol{B} = \boldsymbol{A}^{\mathrm{T}}$ 所对应的系数。

将式(4.68)所推出的偏导数 $\partial \sigma_{Y_i} / \partial \sigma_{X_k}$ 与式(4.70)所得到的偏导数代入式(4.66)，即可求得相关正态变量空间下可靠度对各变量标准差的偏导数。

利用 MATLAB 软件对式(4.54)~式(4.71)进行编程,车削加工系统可靠性灵敏度求解流程如图 4.15 所示。

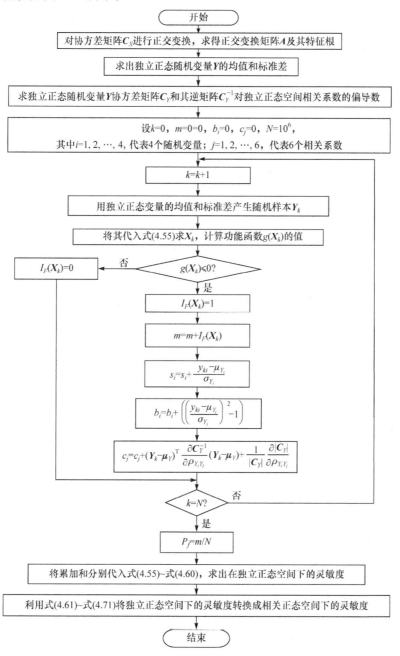

图 4.15　车削加工系统可靠性灵敏度求解流程图

4.6.2　灵敏梯度和灵敏度因子

前面主要计算出了 $\partial P_f / \partial \mu_{X_k}$ 以及 $\partial P_f / \partial \sigma_{X_k}$，为了更好地判断随机变量对车削加工系统的影响程度，引入灵敏梯度的概念。定义变量 X_k 对加工系统发生不稳定的灵敏梯度为

$$\text{grad} = \frac{\partial P_f}{\partial \mu_{X_k}} \boldsymbol{i} + \frac{\partial P_f}{\partial \sigma_{X_k}} \boldsymbol{j} \tag{4.72}$$

其灵敏梯度的模定义为

$$s_k = \sqrt{\left(\frac{\partial P_f}{\partial \mu_{X_k}}\right)^2 + \left(\frac{\partial P_f}{\partial \sigma_{X_k}}\right)^2} \tag{4.73}$$

其随机变量 X_k 的灵敏度因子为

$$\lambda_k = \frac{s_k}{\sum\limits_{i=1}^{4} s_i} \times 100\% \tag{4.74}$$

由于函数梯度方向是函数增长最快的方向，通过式(4.72)可知，第一项反映了均值的变化对车削加工系统稳定程度的影响，第二项反映了标准差的变化对车削加工系统稳定程度的影响。通过式(4.74)可知，引入灵敏度因子主要是因为灵敏度因子能够确切地反映各因素对车削加工系统影响程度的百分比，结果更为直观。

4.6.3　车削加工系统灵敏度求解算例

车削加工系统的基本变量如表 4.4 所示。

表 4.4　车削加工系统的基本变量

名称	均值	标准差	分布类型
模态质量 m/kg	10.0610	0.1	正态分布
模态阻尼 c/(N·s/m)	1832.3	30	正态分布
模态刚度 k/(N/m)	7.34×10^6	1×10^5	正态分布
主轴转速 Ω/(r/min)	3500	2	正态分布
颤振频率 ω_c/(rad/s)	989.4	2.36	正态分布
切削深度 b/mm	0.91	—	—

颤振频率 ω_c 的分布是由 m、c、k 以及加工参数 Ω 来决定的，通过对车削加工系统灵敏度进行编程，得到的蒙特卡罗模拟解如表 4.5 所示。

表 4.5 均值和标准差可靠性灵敏度的蒙特卡罗模拟解

均值灵敏度	$\partial P_f/\partial \mu_m$	$\partial P_f/\partial \mu_c$	$\partial P_f/\partial \mu_k$	$\partial P_f/\partial \mu_\omega$
估计值	−0.0465	-1.8217×10^{-4}	7.8660×10^{-8}	−0.0011
标准差灵敏度	$\partial P_f/\partial \sigma_m$	$\partial P_f/\partial \sigma_c$	$\partial P_f/\partial \sigma_k$	$\partial P_f/\partial \sigma_\omega$
估计值	0.1664	−0.0154	−0.0157	−0.0064

将表 4.5 中的数值代入式(4.73)和式(4.74)，得到数据如表 4.6 所示。

表 4.6 车削加工系统灵敏梯度的模及灵敏度因子

序号	影响因素	灵敏梯度的模	灵敏度因子/%
1	m	0.1728	82.13
2	c	0.0154	7.32
3	k	0.0157	7.46
4	ω	0.0065	3.09

从表 4.6 可以看出，车削加工系统失效的灵敏度因子从大到小依次为 m、k、c、ω，此即这些因素对车削加工系统可靠性影响程度的次序。从影响程度来看，模态质量 m 的影响无疑是最大的，其所占比例达到了 82.13%，所以要严格控制 m 的波动，但是模态阻尼 c 和模态刚度 k 同样影响车削加工系统的可靠性，且影响程度相差不大，所以在设计车削加工系统时，要先严格控制模态质量 m，然后控制模态刚度 k 和模态阻尼 c 的波动。

4.7 本章小结

本章首先以蒙特卡罗法为基础，对车削加工系统可靠性进行求解，分析具有随机参数系统的频响函数以及稳定性叶瓣图，给出可靠性在 0.9 以上时所对应的车削加工系统特定切削深度和特定主轴转速下的叶瓣图；分析了颤振频率的分布，以及车削加工系统在相关随机变量下可靠性的求法，并给出特定主轴转速下车削加工系统随给定切削深度变化时可靠性的变化趋势。然后，利用矩法求解车削加工系统的可靠性，分别给出了利用改进一次二阶矩法和二次四阶矩法求解车削加工系统可靠性的步骤。通过具体算例，给出了在特定主轴转速、特定切削深度下车削加工系统的可靠性，并分别将两种方法与蒙特卡罗法进行比较，得出矩法在实际工程中的实用性。最后，给出了采用蒙特卡罗法求解车削加工系统灵敏度的步骤并且引入了灵敏度因子的概念；通过算例计算，分析了可靠性对各随机变量偏导数的意义，并且通过灵敏度因子计算分析各随机变量对车削加工系统的影响程度，可为车削加工系统的设计提供参考与借鉴。

参 考 文 献

[1] Schmitz T L, Smith K S, Schmitz T. Machining Dynamics: Frequency Response to Improved Productivity[M]. New York: Springer, 2008.

[2] Duncan G S, Kurdi M, Schmitz J. Uncertainty propagation for selected analytical milling stability limit analyses[C]. 34th North American Manufacturing Research Conference, Milwaukee, 2006.

[3] Graham E, Mehrpouya M, Park S S. Robust prediction of chatter stability in milling based on the analytical chatter stability[J]. Journal of Manufacturing Processes, 2013, 15(4): 508-517.

[4] Sims N D, Manson G, Mann B. Fuzzy stability analysis of regenerative chatter in milling[J]. Journal of Sound and Vibration, 2010, 329(8): 1025-1041.

[5] Zhang X, Zhu L, Zhang D, et al. Numerical robust optimization of spindle speed for milling process with uncertainties[J]. International Journal of Machine Tools and Manufacture, 2012, 61(1): 9-19.

第 5 章　颤振时变稳定性预测分析方法

切削过程中存在的参数不确定性，不仅是随机的，而且有时变的特征，如刀具磨损会导致切削力系统随时间变化而变化。微铣削过程中的刀具磨损问题更加突出，本章以微铣削过程为对象进行研究，针对存在时变参数的颤振分析问题，将时变可靠性理论引入颤振问题分析中[1,2]。

5.1　刀具磨损与切削力系数的时变特征分析

刀具磨损是一个时变过程，其磨损量随加工时间的增加而增加，因而由刀具磨损导致的切削力系数的变化也是时变的。又因为切削是一个间歇的过程，铣刀的每一个齿通过工件时都会生成大小变化的切屑，加工过程中的温度变化和工件材料硬度的变化以及材料的分布不均匀等均会导致铣削过程中切削力系数具有一定的随机特性。因此，本章将加工过程中的切削力系数看作时变随机参数并用 Gamma 过程描述加工中切削力系数的变化过程。

刀具磨损是一个典型的连续时间和连续状态的随机过程，并且由于其不可自我修复，因此也是一个增量非减的过程[3,4]。Gamma 过程是一个独立、非减且时间和状态都连续的随机过程，其增量服从 Gamma 分布。本章用 Gamma 过程来描述切削力系数与加工时间之间的关系。定义 $K_t(t)$ 为 0 到 t 时刻切削力系数的增量。由 Gamma 过程的定义可知其概率密度函数为

$$f_{K_t(t)}(x) = G_a\left(x \middle| v(t), \mu\right) = \frac{\mu^{v(t)} x^{v(t)-1} \exp(-\mu x)}{\Gamma(v(t))} I_{(0,\infty)} \tag{5.1}$$

式中，$G_a(\cdot)$ 为 Gamma 分布函数；$\Gamma(\cdot)$ 为 Gamma 函数；μ 为 Gamma 分布函数中的尺度参数；$v(t)$ 为 Gamma 分布函数中的形状参数；$I_{(0,\infty)}$ 为当 $x \in (0, \infty)$ 时其值为 1，反之为 0 的函数。

$K_t(t)$ 的均值和方差可分别表示为

$$E[x(t)] = \frac{v(t)}{\mu} \tag{5.2}$$

$$D\left[(x(t) - E[x(t)])^2\right] = \frac{v(t)}{\mu^2} \tag{5.3}$$

Noortwijk 等[5]的研究表明，期望的劣化值与能量规律成正比，所以切削力系数增量的期望值(即均值)还可以表示为

$$E[x(t)] = \frac{ct^r}{\mu} \tag{5.4}$$

式中，μ、r 和 c 都是大于零的实数。因此，Gamma 过程中的形状参数可以表示为

$$v(t) = ct^r \tag{5.5}$$

铣削系统的时变切削力系数和某一时刻切削力系数的均值可分别表示为

$$f_{K_t(t)}(x) = \frac{\mu^{ct^r} x^{ct^r-1} \exp(-\mu x)}{\Gamma(ct^b)} I_{(0,\infty)} + K_{t0} \tag{5.6}$$

$$E\left[f_{K_t(t)}(x)\right] = \frac{ct^r}{\mu} + K_{t0} \tag{5.7}$$

式中，K_{t0} 为刀具未磨损时系统的切削力系数。

5.2　颤振时变稳定性分析和时变可靠性建模与计算

5.2.1　基于频域零阶近似法的颤振时变稳定性分析

定义加工过程中考虑时变参数的颤振稳定性分析为颤振时变稳定性分析。由文献[6]可知铣削过程中基于频域零阶近似法的极限切削深度可以表示为

$$b_{\lim} = \frac{2\pi \cdot \text{Re}(\lambda)}{N_t K_t \left(\text{Re}(\lambda)^2 + \text{Im}(\lambda)^2\right)} \left(1 + \left(\frac{\text{Im}(\lambda)^2}{\text{Re}(\lambda)^2}\right)\right) \tag{5.8}$$

式中，$b_{\lim}$ 为极限切削深度(mm)；N_t 为刀刃数；$\text{Re}(\lambda)$ 为特征根的实部；$\text{Im}(\lambda)$ 为特征根的虚部；K_t 为切向切削力系数。

主轴转速为

$$\Omega = \frac{\omega_c}{N_t} \frac{1}{(c + 2\pi \cdot N)} \tag{5.9}$$

式中，ω_c 为颤振频率；N 为叶瓣数；c 的表达式为

$$c = \pi - 2\arctan\left(\frac{\text{Im}(\lambda)}{\text{Re}(\lambda)}\right) \tag{5.10}$$

将式(5.7)代入式(5.8)可得，包含时变切削力系数的极限切削深度的表达式为

$$b_{\lim} = \frac{1}{\frac{\mu^{v(t)} x^{v(t)-1} \exp(-\mu x)}{\Gamma(v(t))} I_{(0,\infty)} + K_{t0}} \frac{2\pi \cdot \text{Re}(\lambda)}{N_t \left(\text{Re}(\lambda)^2 + \text{Im}(\lambda)^2\right)} \left(1 + \left(\frac{\text{Im}(\lambda)^2}{\text{Re}(\lambda)^2}\right)\right)$$

$$\tag{5.11}$$

为绘制系统在 t 时刻的稳定性叶瓣图,用 t 时刻的平均切削力系数表示 t 时刻的切削力系数,则 t 时刻的极限切削深度可表示为

$$b_{\lim} = \frac{1}{\dfrac{ct^r}{\mu} + K_{t0}} \frac{2\pi \cdot \mathrm{Re}(\lambda)}{N_t\left(\mathrm{Re}(\lambda)^2 + \mathrm{Im}(\lambda)^2\right)}\left(1 + \frac{\mathrm{Im}(\lambda)^2}{\mathrm{Re}(\lambda)^2}\right) \tag{5.12}$$

5.2.2　基于频域零阶近似法的颤振时变可靠性建模与计算

定义铣削加工过程中当切削深度小于对应主轴转速下的极限切削深度时系统可靠,否则不可靠,则系统的功能函数可以表示为

$$g(\boldsymbol{X}) = b_{\lim} - b_0 \tag{5.13}$$

式中, b_0 为铣削过程中加工的切削深度; $g(\boldsymbol{X})$ 为系统失效的概率密度函数。

系统的时变可靠度可以表示为

$$p_r(\boldsymbol{X}) = P(g(\boldsymbol{X}) > 0) = \int_{X_R} f_x(x)\mathrm{d}x \tag{5.14}$$

式中, X_R 表示积分区间。

定义加工过程中考虑时变参数的颤振可靠性分析为颤振时变可靠性分析,则将式(5.11)代入式(5.13)和式(5.14),可得包含时变切削力系数的功能函数和颤振时变可靠度为

$$g(\boldsymbol{X}) = \frac{1}{\dfrac{\mu^{v(t)}x^{v(t)-1}\exp(-\mu x)}{\Gamma(v(t))} + K_{t0}} \frac{2\pi \cdot \mathrm{Re}(\lambda)}{N_t I_{(0,\infty)}\left(\mathrm{Re}(\lambda)^2 + \mathrm{Im}(\lambda)^2\right)}\left(1 + \frac{\mathrm{Im}(\lambda)^2}{\mathrm{Re}(\lambda)^2}\right) - b_0$$

$$\tag{5.15}$$

$$p_r(\boldsymbol{X}) = P\left\{\frac{1}{\dfrac{\mu^{v(t)}x^{v(t)-1}\exp(-\mu x)}{\Gamma(v(t))} + K_{t0}} \frac{2\pi \cdot \mathrm{Re}(\lambda)}{N_t\left(\mathrm{Re}(\lambda)^2 + \mathrm{Im}(\lambda)^2\right)}\left(1 + \frac{\mathrm{Im}(\lambda)^2}{\mathrm{Re}(\lambda)^2}\right) - b_0 \geqslant 0\right\}$$

$$\tag{5.16}$$

由频域零阶近似法可知,当加工参数和主轴转速一定时,切削力系数是影响极限切削深度的唯一因素。因此,当加工参数和主轴转速一定时,切削力系数的概率分布直接决定了系统的颤振可靠性。由式(5.8)可知,切向切削力系数与极限切削深度成反比,故系统的颤振时变可靠度可简化为

$$p_r(\boldsymbol{X}) = \int_0^{K_{tb}}\left[\frac{\mu^{v(t)}x^{v(t)-1}\exp(-\mu x)}{\Gamma(v(t))}\right]\mathrm{d}x \tag{5.17}$$

式中，K_{tb} 和 0 分别为积分区间 X_R 的上下限；K_{tb} 为在给定主轴转速的条件下，极限切削深度为 b_0 时所对应的切向切削力系数。

对式(5.17)进行定积分：

$$p_r(\boldsymbol{X}) = \left[-\frac{x^{v(t)}(-\mu)^{-v(t)}\gamma(v(t),-\mu x)}{\Gamma(v(t))(\mu x)^{v(t)}} \right]_0^{K_{tb}} = \left[-\frac{x^{ct^r}(-\mu)^{-ct^r}\gamma(ct^r,-\mu x)}{\Gamma(ct^r)(\mu x)^{ct^r}} \right]_0^{K_{tb}}$$

(5.18)

式中，$\gamma(\cdot)$ 为不完全 Gamma 函数，$\gamma(\cdot)$ 的具体表达式为

$$\gamma(\eta,z) = \int_z^\infty t^{a-1}\exp(-t)\mathrm{d}t \tag{5.19}$$

其中，a、z 和 η 为已知量。

K_{tb} 的具体表达式为

$$K_{tb} = \frac{1}{b_0} \frac{2\pi \cdot \mathrm{Re}(\lambda)}{N_t\left(\mathrm{Re}(\lambda)^2 + \mathrm{Im}(\lambda)^2\right)}\left(1 + \left(\frac{\mathrm{Im}(\lambda)^2}{\mathrm{Re}(\lambda)^2}\right)\right) - K_{t0} \tag{5.20}$$

5.2.3　给定切削深度、主轴转速的极限切削深度和颤振可靠性曲线

首先在铣削过程中，切削深度 b、主轴转速 Ω 和进给速度 v 一定时，将 $K_t(t)$ 代入式(5.11)可得 t 时刻的极限切削深度。然后将系统的定向频响函数代入式(5.9)和式(5.10)，可得对应极限切削深度下的主轴转速，进而可得系统在 t 时刻的稳定性叶瓣图；将系统在同一主轴转速和切削深度的加工条件下对应的不同时刻的极限切削深度分别代入式(5.17)和式(5.20)，可得在该加工条件下 t 时刻的颤振可靠度。最后以时间 t 为横坐标，以 t 时刻所对应的可靠度为纵坐标画图，得到系统在给定切削深度和主轴转速下的颤振时变可靠度曲线。

5.3　算 例 分 析

5.3.1　拟合 Gamma 过程参数

切削力系数是颤振预测中非常重要的因素之一，刀具的磨损导致加工过程中切削力系数随时间不断变化。为准确描述切削力系数随加工时间的变化关系，本节建立了切削力系数与加工时间之间的 Gamma 过程模型，并采用 Karandikar 等[7]的切削力系数实验数据拟合 Gamma 过程中的参数，其拟合结果如图 5.1 所示。

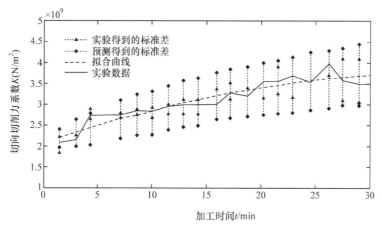

图 5.1　切向切削力系数实验数据与理论预测对比图

图 5.1 中虚线代表由 Gamma 过程计算得到的切向切削力系数在 t 时刻的均值，实线为实验获得的切向切削力系数在 t 时刻的均值。菱形与三角形符号之间的范围代表 t 时刻处测得的切向切削力系数的波动范围，图中显示预测的均值基本落在实验数据的波动范围内。图 5.1 中菱形代表由 Gamma 过程计算得到的 t 时刻切向切削力系数的标准差，图中显示实验数据和理论预测得到的切削力系数的波动范围均随加工时间的增加而增加，理论值和实验数据之间的偏差可能由测量误差和实验次数不足而导致。实验拟合得到的参数如表 5.1 所示。

表 5.1　切削力拟合参数

r	c	μ
0.659	0.1895	0.9133

因此，Gamma 过程的形状参数可表示为

$$v(t) = 0.1895 t^{0.659} \tag{5.21}$$

5.3.2　铣削颤振时变稳定性

将表 5.1 中的值代入式(5.7)，可得时变切削力系数 K_t，再将 K_t 代入式(5.12) 得到不同加工时刻的稳定性叶瓣图，如图 5.2 所示。图中显示了从开始铣削至连续加工 5min、10min 和 15min 时系统的稳定性叶瓣图，可以看到随着加工时间的增加，系统的颤振稳定性曲线(即极限切削深度)逐渐降低。

选取切削深度为 2mm，进给速度为 0.06mm/s，主轴转速分别为 3000r/min、4500r/min 和 6000r/min 时对应的极限切削深度随加工时间的变化情况如图 5.3 所示。

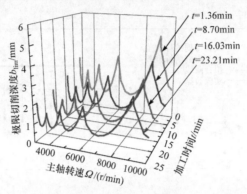

图 5.2　稳定性叶瓣图

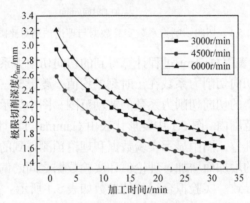

图 5.3　不同主轴转速时极限切削深度与加工时间的关系

　　由图 5.3 可知，切削力系数的时变特征对颤振稳定性预测有很大的影响，在加工条件和主轴转速一定时，极限切削深度随加工时间的增加不断减小。在未考虑切削力系数的时变特征进行颤振预测时，预测精度随加工时间的增加逐渐降低，因此，要提高颤振的预测精度必须考虑参数的时变特性。

5.3.3　给定主轴转速和切削深度下的颤振时变可靠度

　　颤振时变可靠性计算流程如图 5.4 所示。首先输入系统的切削深度 b_0，主轴转速 Ω 和 Gamma 过程参数 r、c 和 μ。然后，拟合切削力系数，获得时变切削力系数 K_t，计算给定主轴转速下频响函数的特征值实部 $Re(\lambda)$ 和虚部 $Im(\lambda)$，先后代入式(5.20)和式(5.18)，可得在给定加工条件情况下的颤振可靠度值。

　　选取切削深度为 $b_0=0.23\text{mm}$，进给速度为 0.06mm/s，主轴转速分别为 3000r/min、4500r/min 和 6000r/min 时对应的颤振可靠度随加工时间的变化情况如图 5.5 所示。

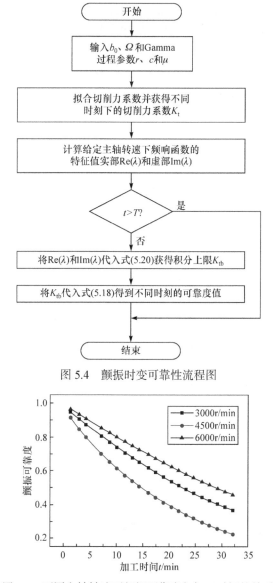

图 5.4　颤振时变可靠性流程图

图 5.5　不同主轴转速下颤振可靠度与加工时间的关系

由图 5.5 可知，在主轴转速为 6000r/min 时，系统的颤振可靠度值在前 1min 为 1，即系统基本不颤振，加工 5min 后系统的颤振可靠度开始减小，至 32.5min 时系统的颤振可靠度减小至 0.5 左右，即有 50%的可能性发生颤振。当主轴转速为 3000r/min 时，在加工初始时刻系统的颤振可靠度为 0.95，即在加工初始时刻就有颤振的可能性，随着加工时间的增加系统的颤振可靠度逐渐减小，发生颤振的可能性逐渐增大，加工 32.5min 时系统的颤振可靠度已降至 0.4。

当主轴转速为 4500r/min 时系统的切削力系数和颤振可靠度随加工时间的变化情况如图 5.6 所示。由图可知，在切削深度和主轴转速一定的条件下，系统合力的切削力系数随加工时间的增加而增大，系统颤振可靠性随时间的增加而减小。二者的变化趋势相反，但单位时间内切削力系数和极限切削深度的变化趋势一致，都是开始时变化速度比较快，然后变化速度逐渐降低。

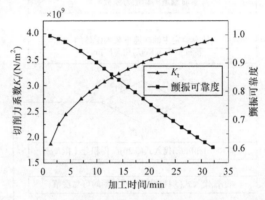

图 5.6　系统的切削力系数和颤振可靠度与加工时间的关系

为区别本章提出的颤振时变稳定性预测方法和颤振可靠性方法相比于传统预测方法的优势，本章还绘制了在给定切削深度时，系统的极限切削深度和颤振可靠度随加工时间的变化关系，如图 5.7 所示。

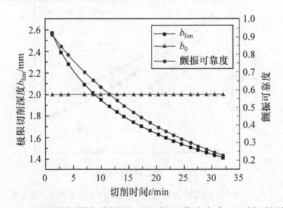

图 5.7　系统的极限切削深度和颤振可靠度与加工时间的关系

由图 5.7 可知，当切削深度和主轴转速一定时，系统的极限切削深度和颤振可靠度随加工时间的增加而减小，且变化趋势一致。系统的极限切削深度在加工初始时刻大于切削深度，随着加工时间的增加逐渐小于切削深度，系统的颤振可靠度随极限切削深度的减小一直降低。值得注意的是，虽然在加工前 9min 内系统的极限切削深度大于切削深度，但是系统的颤振可靠度并不等于 1，换句话说，加工过程中系统的极限切削深度大于切削深度并不意味着系统绝对不会发生颤振,只是发生颤振的可能性比较小而已。

5.3.4　频域零阶近似法与颤振时变稳定性预测的对比分析

图 5.8 为加工 23.2min 时分别用频域零阶近似法和颤振时变稳定性预测的对比结果。实验中分别选取主轴转速为 4500r/min、5000r/min 和 6000r/min,极限切削深度为 0.5mm、1.0mm、1.5mm、2.0mm 和 2.5mm。图中,实线为稳定性叶瓣图曲线。可见在系统加工至 23.2min 时,由颤振时变稳定性预测得到的极限切削深度比由频域零阶近似法得到的极限切削深度小了近一半。当极限切削深度为 2.5mm,主轴转速为 5000r/min 时,由频域零阶近似法预测得到的结果为系统在该点发生颤振,而由颤振时变稳定性预测得到的结果也是系统会发生颤振;当极限切削深度为 2.0mm 时,由频域零阶近似法预测得到的结果是系统位于颤振的临界点上,而由颤振时变稳定性预测得到的结果是系统在该点发生颤振;当极限切削深度为 1.0mm 时,由频域零阶近似法预测得到的结果是系统在该点是稳定的,而由颤振时变稳定性预测得到的结果是系统在该点有 70%的可能性会发生颤振。系统在其余极限切削深度和主轴转速下的预测结果和颤振可靠性如表 5.2 所示。

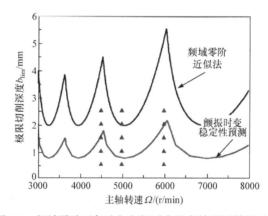

图 5.8　频域零阶近似法与颤振时变稳定性预测结果对比

表 5.2　系统在不同极限切削深度和主轴转速下的颤振可靠性

极限切削深度/mm	主轴转速		
	4500(r/min)	5000(r/min)	6000(r/min)
0.5	0.9992	0.9034	0.9999
1.0	0.9167	0.3015	0.9727
1.5	0.6505	0	0.8204
2.0	0.3403	0	0.5829
2.5	0.1006	0	0.3356

与频域零阶近似法不同，颤振时变稳定性预测用不同的可靠度值来描述在不同加工状态下系统的颤振情况，而不是简单将系统分为颤振与不颤振两种情况。由于加工过程中加工参数具有一定的随机性，颤振时变稳定性预测比频域零阶近似法更为准确，也更符合实际加工状况。此外，颤振时变稳定性预测将刀具磨损等导致的加工参数随加工时间变化的因素也考虑到颤振预测中，能够根据刀具不同的磨损状况得出相应的预测结果，避免了因刀具磨损导致的颤振预测结果逐渐失效的现象。

5.3.5 实验值与预测结果对比

不同切削条件下实验值和颤振时变稳定性预测结果对比如图 5.9 所示，不同的曲线为用频域零阶近似法获得的稳定性极限切削深度，不同的标识符(圆、三角形和正方形)分别代表不同切削时间下颤振时变稳定性预测的结果。图中，t 为加工时间，ZOA 表示频域零阶近似法，预测结果指颤振时变稳定性预测结果。实验中所有不同加工时间下的切削力系数值均来自 Schmitz[6]的研究。从图 5.9 可以看出，不同加工时间下本章提出的颤振时变稳定性预测方法和使用实验数据的频域零阶近似法预测出的结果吻合得很好。

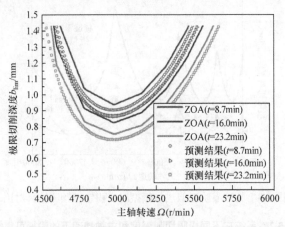

图 5.9 不同切削条件下实验值和颤振时变稳定性预测结果对比

再生型颤振严重制约着铣削加工系统的加工质量和加工效率，因此，如何准确地进行颤振稳定性预测对铣削系统至关重要。实际生产加工过程中，刀具的磨损使切削力系数不断变化，致使传统的颤振预测方法随着刀具的磨损而逐渐失效。本章提出的颤振时变稳定性预测方法可应用于铣削加工条件相对固定的场景中，为提高刀具的使用效率和工件的加工质量提供指导。

5.4 本 章 小 结

本章提出了一种切削过程中的颤振时变稳定性预测方法，建立了铣削过程中切削力系数的 Gamma 过程模型，推导出基于频域零阶近似法的颤振时变稳定性和时变可靠性表达式，绘制了给定加工条件下铣削系统的颤振时变稳定性叶瓣图和颤振时变可靠性曲线，获得了系统的极限切削深度随加工时间的变化关系，以及给定加工条件下系统的颤振可靠性的解析解。

参 考 文 献

[1] Wang Z Y, Yang Y S, Liu Y, et al. Prediction of time-varying chatter stability: Effect of tool wear[J]. The International Journal of Advanced Manufacturing Technology, 2018, 99(9-12): 2705-2716.

[2] Liu Y, Wang Z Y, Liu K, et al. Chatter stability prediction in milling using time-varying uncertainties[J]. International Journal of Advanced Manufacturing Technology, 2016, 89(9-12): 1-10.

[3] 李常有, 张义民, 王跃武. 恒定加工条件及定期补偿下的刀具渐变可靠性灵敏度分析方法[J]. 机械工程学报, 2012, 48(12): 162-168.

[4] Park C, Padgett W J. Accelerated degradation models for failure based on geometric Brownian motion and gamma processes[J]. Lifetime Data Analysis, 2005, 11(4): 511-527.

[5] Noortwijk J M V, Weide J A M V D, Kallen M J, et al. Gamma processes and peaks-over-threshold distributions for time-dependent reliability[J]. Reliability Engineering and System Safety, 2007, 92(12): 1651-1658.

[6] Schmitz T L, Smith K S. Machining Dynamics: Frequency Response to Improved Productivity[M]. New York: Springer, 2008.

[7] Karandikar J, Zapata R, Schmitz T L. Combining tool wear and stability in high-speed machining performance prediction[D]. Gainesville: University of Florida, 2010.

第6章 颤振检测方法

机器设备的发展经历了从电气时代到数控时代再到智能时代的变革。在切削过程中对设备进行监测，从而了解设备的状态是一个必然趋势。切削加工过程中可监测的状态量有振动位移、振动速度、振动加速度、噪声、切削力、主轴电流、声发射信号等。其中振动信号和噪声信号是通过刀具或工件的振动烈度来反映切削是否正常的，检测主轴电流信号是间接地通过主轴输出功率来反映切削力大小的，声发射信号常用来检测刀具破损瞬间的状态变化。

目前国内外的信号采集设备与技术都已比较成熟，国内有几家公司开发出了集软硬件于一体的产品。对信号的分析主要有时域的统计方法，频域的快速傅里叶变换[1]、短时傅里叶变换[2]，以及时频域的小波分析和希尔伯特-黄变换(Hilbert-Huang transform, HHT)方法[3]等。

6.1 颤振测试系统要求

6.1.1 数据采集环节与硬件选型

机床的测试系统主要包括静态/动态数据采集、数据后期分析处理和测试结果存取三大环节。其中，静态/动态数据采集是实现采集、分析、信息存储的同步化，是一种实时性的信号分析处理过程。而采集得到多次数据后保存用于后续再分析，则属于一种非实时性的信号分析处理过程。

为了成功采集检测所需的信号，选取硬件时应注意如下问题：①设备通道的数目是否满足测试需要；②采集卡的幅度范围是否包含待测信号的幅度变化范围；③采样率与分辨率的范围是否能够较为准确地还原信号，两者均为采集的重要参数，需特别注意。

6.1.2 颤振测试传感器的选取与放置

颤振测试的首要环节是颤振信号的采集，而采集离不开传感器。传感器通过捕捉一些感官的物理信息，按一定理论变换要求使之变为电信号输出，为后期的信息传输、处理、存储、显示、记录和控制等提供便利。

1. 力传感器

力传感器直接安装于刀架底部，受到的外界干扰最小，对机床颤振现象的捕捉最为准确，因此很多研究者通过测量力信号来检测颤振现象。力传感器主要放置在工件下方接近刀具且不影响加工过程的位置。

2. 振动传感器

根据被测的振动运动是位移、速度还是加速度，可以将振动传感器分为位移传感器、速度传感器和加速度传感器。振动传感器的参数与力传感器基本相同，其放置要尽可能地接近激振源，并且不影响加工过程。一般情况下，选择非旋转的工作台或刀架作为振动传感器的支撑。图 6.1 展示了不同连接方式下的加速度传感器的响应曲线。其安装方向应为主测量方向，避免受到横向振动的影响。不同安装方式的加速度传感器的频率范围在表 6.1 中给出。

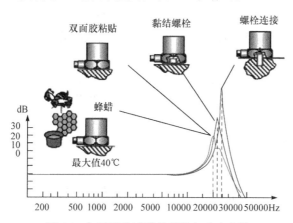

图 6.1　加速度传感器的安装与响应曲线

表 6.1　不同安装方式的加速度传感器的频率范围

方法	频率范围/Hz
手持	500
磁铁	2000
胶黏剂	2500~4000
蜂蜡	5000
螺栓	6000~10000

3. 声音传感器

声音传感器包括噪声传感器和声发射传感器，作为非接触式传感器，它们能有效地捕捉振动信号，也具有较好的应用前景。噪声传感器的选择包括声级范围、灵敏度和分辨率等基本参数。其安装位置应尽量对准工件，相距 30~50cm 为宜，并且加工点与噪声传感器之间尽量不要有遮挡物。

6.1.3　测试参数设置

选择合适的测试参数是成功采集信号的基础，对于不同的信号、不同的分析需要，测试系统的参数选取也不同。采集参数之间的关系如下：

$$f_s = \frac{N}{T} \tag{6.1}$$

$$T = N\Delta t \tag{6.2}$$

$$\Delta f = \frac{1}{T} \tag{6.3}$$

式中，f_s 为采样频率(Hz)；N 为采样点数；T 为采样时间(s)；Δt 为时间间隔(s)；Δf 为频率间隔(Hz)。

一般情况下，$f_s=(2.56\sim4)f_{max}$，f_{max} 为最大分析频率；N 有固定的取值：256、512、1024、2048、4096、8192 等，取 1024 为默认值的情况较多。

根据奈奎斯特采样定理，采样频率需不小于信号最大分析频率的 2 倍，即 $f_s \geqslant 2f_{max}$。因此，在采集数据前，要根据不同的分析频率范围，计算采样频率或最大分析频率。实际应用中，采集稳态数据时，可以先将采样频率取大一些，这样观察到的频率范围大，可以看到高频与低频的变换。而采集瞬态信号时，为了保证时域和频域的分辨率，保持采样时间不变，应选用较大的采样频率，重复多次采样，可以看到信号的时变特征。

6.2　颤振测试中常用的信号分析方法

当获取到振动噪声信号后，需要对信号包含的信息进行提取分析，即信号分析。常用的信号分析方法有时域分析、频域分析和时频域分析。

时域分析需要先估计信号的周期，随后等距抽样一个信号周期或信号周期的整数倍，通过设置测量时间覆盖所有信号周期来充分地降低因采样能量泄漏带来的测量不确定性。时域信号可以反映信号的时变特性，用来粗略识别信号时间与振动量的改变。频域分析是将时域信号经过某种变换方式得到的频率与幅值的关系进行分析。它将时域信号中包含的所有周期函数的频率成分以不同的幅值呈现，将信号分成频率不同的若干分量，对信号整体的观察效果较好。但是频域分析不能显示该频率在时间上的位置。为了解决这一问题，时频域分析被提了出来。时频域分析可以将信号的频率、能量和时间同时显示，如自谱分析、小波分析、希尔伯特-黄变换等。

6.2.1　自谱分析

自谱分析是对一个信号进行频谱分析，包括幅值谱峰值、幅值谱有效值、自功率谱和自功率谱密度等。其中，幅值谱峰值反映了频域中各谐波分量的单峰幅值，幅值谱有效值反映了各谐波分量的有效值幅值，如图 6.2 所示。

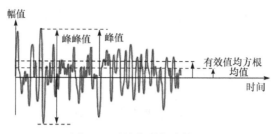

图 6.2　时域信号统计特征

一般来说，频谱分析指的是将信号做傅里叶变换从而进行分析。数字信号的频谱分析通常使用快速傅里叶变换(fast Fourier transform, FFT)分析方法。傅里叶变换原理表明：任何连续测量的时序或信号，都可以表示为不同频率的正弦波信号的无限叠加。而根据该原理创立的傅里叶变换算法利用直接测量到的原始信号，以累加方式来计算该信号中不同正弦波信号的频率、振幅和相位。傅里叶变换、反变换的公式如下：

$$F(\omega) = \int_{-\infty}^{+\infty} f(t) e^{-i\omega t} dt \tag{6.4}$$

$$f(t) = \frac{1}{2\pi} \int_{-\infty}^{+\infty} F(\omega) e^{i\omega t} d\omega \tag{6.5}$$

式中，ω 为角速度；$f(t)$ 为时域序列；$F(\omega)$ 为频域谱函数序列。

以数控车床颤振过程中的一段振动信号为例，采样频率为 2048Hz，采样时间为 1s，其时域波形和频谱见图 6.3。

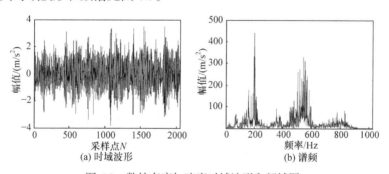

(a) 时域波形　　　　　　　　　　(b) 谱频

图 6.3　数控车床加速度时域波形和频域图

在数字信号分析中常采用离散傅里叶变换(discrete Fourier transform, DFT)，其基本原理与连续傅里叶变换相同，只是采样点为离散序列。DFT 是一种域变换，它将时域信号与频域信号联系起来，在时域内难以观察到的一些现象和规律，在频域内往往能清晰地显示出来。DFT 仅反映了振动信号整体的频率特性，而频谱中无法体现非平稳信号的时频细节，且频谱分辨率受限。为了克服 DFT 不能同时保证时域、频域局部性分析的缺陷，又提出了短时 DFT。短时 DFT 通过对信号的分段截取来处理时变信号，是基于所截取的每一段信号认为是线性、平稳的。

6.2.2　小波变换

由于 FFT 不能满足信号在时域和频域上同时具有较高的分辨率，学者更多地采用小波变换对包含有用信息的信号段进行提取。小波变换是对时间和频率的局域变换，能通过伸缩和平移等运算有效地提取信号中的有效特征信息，对信号进行多尺度的细化分析，其实质是相当于低通、高通滤波器。连续小波变换的公式为

$$W_f(a_w, b_w) = |a_w|^{-1/2} \int_{-\infty}^{+\infty} \psi_{a_w, b_w}\left(\frac{t - b_w}{a_w}\right) f(t) \mathrm{d}t \tag{6.6}$$

式中，$\psi_{a_w, b_w}(t) = 1/\sqrt{a_w}\, \psi((t - b_w)/a_w)$ 是由小波母函数 $\psi(t)$ 经过伸缩尺度 a_w 和平移尺度 b_w 生成的小波函数，乘以 $1/\sqrt{a_w}$ 是为了使变换的结果归一化。

小波变换提供了一个随频率改变的时间-频率窗。当观察高频部分时相当于采用一个较窄的窗，频率分辨率较低，时间分辨率较高；当研究低频部分时相当于一个较宽的窗，频率分辨率较高，时间分辨率较低。

6.2.3　希尔伯特-黄变换方法

与其他信号处理方法相比，HHT 的创新点是引入了基于信号局部时间特征的固有模态函数，以获得具有物理意义的瞬时频率。HHT 主要由两部分组成：希尔伯特变换和经验模态分解。

1. 希尔伯特变换

在传统的频谱分析中，频率被定义为使整个时间上的具有恒定振幅的正弦或余弦函数，瞬时频率也是建立在此基础上的。通常需要至少一个周期的正弦或余弦成分来定义局部频率值，这样的定义对于频率时刻变化的非稳定信号没有意义。而希尔伯特变换是数据解析化的方法，可以解决这个问题。

对于任意一个时序信号 $X(t)$，总有它的希尔伯特变换 $Y(t)$ 为

$$Y(t) = h(t) * X(t) = \frac{1}{\pi} \int_{-\infty}^{+\infty} \frac{X(\tau)}{t - \tau} \mathrm{d}\tau \tag{6.7}$$

式中，*为卷积运算符；$h(t) = 1/(\pi t)$。

考虑此积分为柯西主值(Cauchy principal value)，应避免在 $\tau = t$ 和 $\tau = \pm\infty$ 等处的奇点。

构造解析信号 $Z(t)$：

$$Z(t) = X(t) + \mathrm{i}Y(t) = a(t)\mathrm{e}^{\mathrm{i}\theta(t)} \tag{6.8}$$

式中

$$a(t) = \sqrt{X^2(t) + Y^2(t)} \tag{6.9}$$

$$\theta(t) = \arctan\left(\frac{Y(t)}{X(t)}\right) \tag{6.10}$$

本质上，式(6.7)定义了脉冲信号 $1/(\pi t)$ 与 $X(t)$ 的卷积，因此它强调的是 $X(t)$ 的局部特征，是对振幅和相位变化的三角函数的最佳局部近似。通过希尔伯特变换可以定义信号的瞬时角速度和瞬时频率为

$$\omega = \frac{\mathrm{d}\theta(t)}{\mathrm{d}t} \tag{6.11}$$

$$f(t) = \frac{1}{2\pi}\frac{\mathrm{d}\theta(t)}{\mathrm{d}t} \tag{6.12}$$

尽管希尔伯特变换定义了瞬时频率，但其要求瞬时频率是时间的单值函数，即在任意时间里只有一个频率值。然而对于单一成分函数，其没有一个明确的定义，在非稳定信号研究中通常把"窄带"作为数据的限制，以使瞬时频率有意义。

2. 经验模态分解

仅仅使用希尔伯特变换不能适用于分析复杂多组分信号，因此需要将原始信号分解成单一模式分量，才能使其瞬时频率具有物理意义。经验模态分解得到的固有模态函数通过限制极值点和过零点数目使信号满足"窄带"，又通过局部极大值和极小值所决定的包络谱均值代替局部对称，将全局缩小到局部。

首先识别原始信号 $X(t)$ 的所有极大值点和极小值点，采用样条插值的方法拟合出 $X(t)$ 的上包络线 $u(t)$ 和下包络线 $v(t)$，其中

$$v(t) \leqslant X(t) \leqslant u(t) \tag{6.13}$$

对包络线 $m(t)$ 取均值，得到 $c(t)$，其中

$$m(t) = \frac{1}{2}(u(t) + v(t)) \tag{6.14}$$

$$c(t) = X(t) - m(t) \tag{6.15}$$

重复以上过程直到得到所有满足固有模态函数筛选条件的 $c_i(t)$。固有模态函数筛选条件如下：①在整个数据中，极值点个数与过零点个数相等或相差 1；②在任意点，由局部极大值构成的上包络线和由局部极小值构成的下包络线的均值必须为零。用原始信号减去所有满足条件的固有模态函数，得到剩余部分 $r_n(t)$。最终原始信号可表示为

$$X(t) = \sum_{i=1}^{n} c_i(t) + r_n(t), \quad i = 1, 2, \cdots, n \tag{6.16}$$

式中，n 为分解后得到的单一振型数量。

3. 希尔伯特-黄变换

将经过经验模态分解分离出来的每个拥有具体物理含义的 $c_i(t)$ 进行希尔伯特

变换：

$$H_i(t) = \frac{1}{\pi} \int_{-\infty}^{+\infty} \frac{c_i(t)}{\tau - t} \, \mathrm{d}t \tag{6.17}$$

组成复合信号：

$$z_i(t) = c_i(t) + \mathrm{i}H_i(t) = a_i(t)\mathrm{e}^{\mathrm{i}\phi_i(t)} \tag{6.18}$$

从而可以定义时变的幅值 $a_i(t)$ 和相位 $\phi_i(t)$：

$$a_i(t) = \sqrt{(c_i(t))^2 + (H_i(t))^2} \tag{6.19}$$

$$\phi_i(t) = \arctan\left(\frac{H_i(t)}{c_i(t)}\right) \tag{6.20}$$

对其相位求一阶导数，得到具有物理意义的瞬时频率 $\omega_i(t)$：

$$\omega_i(t) = \frac{1}{2\pi} \frac{\mathrm{d}\phi_i(t)}{\mathrm{d}t} \tag{6.21}$$

时变幅值的时频分布就定义为 $c_i(t)$ 的希尔伯特谱。最后，将所有分量变换的希尔伯特谱综合起来，就可以得到原始信号的时频图。

同样，得到的希尔伯特边际谱 $h(\omega)$ 为

$$h(\omega) = \int_{-\infty}^{+\infty} H(\omega, t) \, \mathrm{d}t \tag{6.22}$$

式中，$h(\omega)$ 表示单位频率内的幅度分布(或者能量分布)的累加。

希尔伯特边际谱与 FFT 频谱的意义并不相同。FFT 频谱中某一频率处的能量存在，代表一个正弦波或余弦波在整个时间长度上都存在。而希尔伯特边际谱中某一频率处的能量存在，代表在整个时间长度上，有这样一个频率的振动波在局部出现过，而这个振动波发生的精确时间在希尔伯特时频谱中给出。

HHT 信号分析方法的优势有两点：一是相较于传统的信号分解方法，经验模态分解具有较好的自适应性，能够较完整地获取颤振信号的主频率带；二是使每个固有模态函数的瞬时频率有意义，以此构建三维时频谱，同时反映信号的时域和频域特征。但是研究表明，HHT 也存在以下缺陷：①经验模态分解在低频区域可能会造成误解的结果，产生不良的固有模态函数分量；②经验模态分解过程中会出现模式混叠现象，即不能满足单组分条件；③经验模态分解的边界拖延问题存在难点。针对以上问题，之后的很多学者对 HHT 的改进进行了探索。

6.3   基于时频熵和频次比的 HHT 颤振检测方法

本节在总结传统颤振检测方法的基础上，介绍加速度信号经滤波和 HHT 得到的时频谱图。计算时频谱图的时频熵，以描述信号的能量分布特征；绘制信号在时频谱图上超过能量阈值的点的极限能量分布图，计算其频次比，来描述信号

的时间连续特征。此方法可有效地区分稳定状态与颤振状态。与传统方法相比，此方法改进了统计学参数阈值难设定的问题，频次比的引入可以去除周期性干扰信号带来的颤振误判。图 6.4 给出了颤振检测技术的基本流程及相关内容，以及本节提出的方法及其对比研究。

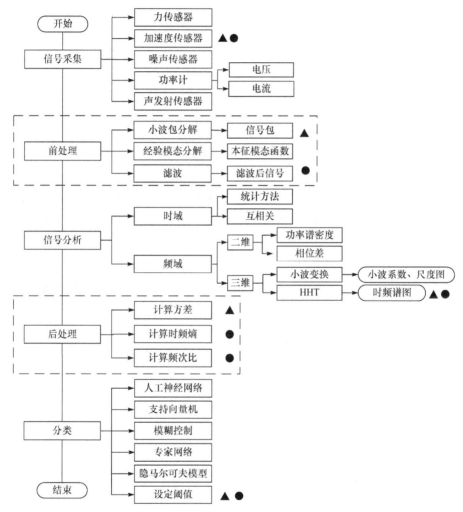

图 6.4　颤振检测技术相关内容及本节提出的方法研究

▲传统颤振检测方法　●本节的颤振检测方法　——两种方法不同之处

6.3.1　信息熵和占空比

信息熵在统计学上可被理解为某种离散的随机事件出现的概率。信息熵的大小可以用来描述概率系统的平均不确定程度。最不确定的概率分布系统具有最大的熵值，信息熵值直接反映了其概率分布的均匀性。

占空比在电子信息领域中表征在一段连续工作时间内脉冲占用的时间与总时间的比值，引申为在周期型的现象中，某种现象发生后持续的时间与总时间的比值。占空比越大，代表一个周期内某种现象持续的时间越长。因此，占空比可以作为时间连续性的描述。

6.3.2　时频熵

1. 时频熵的计算

将经过 HHT 得到的振动瞬时频率序列 ω 进行能量筛选。能量筛选指在所有固有模态函数中，选取大于能量阈值的固有模态函数，该处固有模态函数的能量阈值包含总能量的 90%以上。本节选取第一个固有模态函数作为特征固有模态函数绘制时频谱图。将整个 HHT 时频谱图按纵坐标(即频率)等分为 N 个大小相等的长方体时频块，令每个时频块内包含的总能量为 W_i ($i=1,2,\cdots,N$)。假设整个 HHT 时频谱的总能量为 A，对每个时频块的能量进行归一化处理，得到归一化能量 $q_i=W_i/A$，于是就有 $\sum q_i=1$，由信息熵的计算公式可知，时频熵可定义为

$$S=-k\sum_{i=1}^{N}q_i\log q_i \tag{6.23}$$

式中，k 为增益系数，本章中 k 为归一化系数，即机床空载时时频熵的倒数。

2. 时频块大小的选取

由前述可知，时频熵的计算是将 HHT 时频谱平面按频率等分为若干大小相等的时频块，时频块的长为整个时间长度，时频块的宽可通过频率的大小调整。时频熵随时频块大小变化的曲线如图 6.5 所示。当切削深度为 0.5mm、1.0mm、

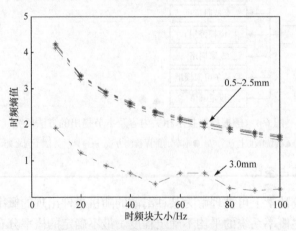

图 6.5　时频熵随时频块大小变化图

1.5mm、2.0mm、2.5mm 时，时频熵值较大。随着时频块的变大，时频熵值减小，且几组曲线几乎重叠。当切削深度为 3.0mm 时，时频熵曲线整体下移，高能振动分布集中程度大，与颤振特征相符，其时频熵随着时频块的变大逐渐减小，但在时频块大小为 60Hz 与 70Hz 处有一突然增加，80Hz 后趋于平稳。由定义可知，时频块的选择不宜过大，过大会降低结果整体的分辨能力；时频块的选择也不宜过小，过小会拉大整体时频熵值。从本实验结果可知，时频块大小选择为 50Hz 时最为合适。

3. 时频熵阈值选取

为了选择合适的时频熵阈值，找到准确区分稳定状态和颤振状态的颤振指数，基于如表 6.2 所示的机床加工信息进行实验。

表 6.2　CJ0625 机床加工信息表

参数	信息
刀具	3mm 切槽刀
工件	45 号圆钢棒
主轴转速/(r/min)	800
进给速度/(mm/min)	30
采样频率/Hz	3200
采样点数	8192

分别采集切削深度为 0.5mm、1.0mm、1.5mm、2.0mm、2.5mm、3.0mm 时的刀具径向加速度信号，运用 HHT 方法进行分析，求得时频谱的统计参数值，见表 6.3。已知滤波后分析频率范围为 100~1000Hz，计算时频熵所选的时频块大小为 50Hz。

表 6.3　不同切削深度下的统计参数

切削深度/mm	时频熵	均值/Hz	标准差/Hz
0.5	1.0667	405.3684	1.2342
1.0	1.0409	412.7709	1.1283
1.5	1.0463	437.6832	1.4709
2.0	1.0814	435.2344	1.3784
2.5	1.0541	368.8052	1.0824
3.0	0.1586	528.3630	0.2184

图 6.6(a)为以切削深度为横坐标，对应的 HHT 时频谱的时频熵为纵坐标绘制

的曲线图，其中时频熵进行了简单的归一化处理(除以机床空载时的时频熵值，$k=1/2.2439$)。图 6.6(b)为以切削深度为横坐标，对应的 HHT 时频谱的频率标准差为纵坐标绘制的曲线图，对标准差进行了简单的归一化处理(除以机床空载时的标准差，$k=1/55.619$)。

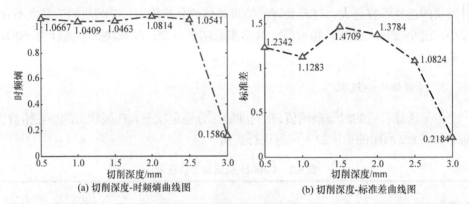

(a) 切削深度-时频熵曲线图　　　　　　　(b) 切削深度-标准差曲线图

图 6.6　时频熵和标准差的变化

　　图 6.6 展现了 6 个切削深度下对应的时频熵和标准差的变化，可见两者有相同的趋势。与标准差相比，时频熵不仅包含频率的意义，也是能量分布概率均匀程度的度量。由图 6.6(a)可知，切削深度为 0.5～2.5mm 时的时频熵值较为平稳，较空载状态下有少量增大。切削深度为 3.0mm 时的时频熵值急剧下降，值减少为原来的 20%以下。由之前结论可知切削深度为 0.5～2.5mm 时机床处于稳定加工状态，切削深度为 3.0mm 时机床发生颤振，伴随明显振纹。由此可见，机床在稳定状态和颤振状态下的时频熵变化明显，时频熵值较标准差更稳定，用时频熵值来描述能量的分布更加合适。为了在颤振孕育阶段预报颤振的发生，同时又排除一些奇异点，本章选取时频熵阈值 $S_{\text{lim}}=0.6$。

6.3.3　频次比

　　为了排除某些周期脉冲信号带来的颤振误判，引入频次比作为另一个颤振指数。频次比的具体求解步骤如下：

　　(1) 绘制时频谱中每个采样点对应的极限能量时频分布二维图。该处需要选择大于能量阈值的极值点，该能量阈值可根据经验设定为 0.7。相较于原始 HHT 时频图，该图具有更明显的时频统计特征。

　　(2) 计算图上的点在采样时间内出现的次数与采样点数之比。其计算公式为

$$R=N_{\text{max}}\,/\,N \tag{6.24}$$

式中，N_{max} 表示极值能量分布图上的点在采样时间内出现的次数；N 表示采样点数。

将结果与频次比阈值比较得出判断结论。由大量实验数据可知频次比的阈值为 0.5～0.8，本章实验中颤振状态的频次比也集中在 0.5～0.8，选用最低阈值 $R_{\text{lim}}=0.5$。

颤振检测方法流程如图 6.7 所示。

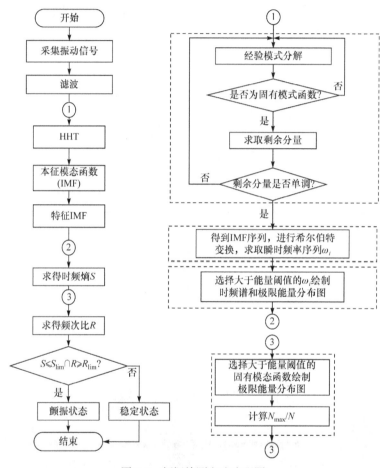

图 6.7 颤振检测方法流程图

6.4 仿真信号分析

为验证本章提出的颤振检测方法，选取一段正常加工过程中采集到的振动信号。在正常加工信号中加入仿真信号，该信号为一指数衰减的周期性振动干扰信号：

$$x(t) = 20\sin(760\pi t)e^{-t/\tau} \tag{6.25}$$

式中，τ 为衰减时间常数。

取 $\tau = 0.015$s，即衰减时间约为一个周期的 20%，仿真信号经自适应滤波，选取分析频带 100～1000Hz。仿真的信号和滤波后的信号波形及频谱如图 6.8 所示。

滤波后的仿真信号经过 HHT 得到信号时频谱图如图 6.9 所示。用传统方法求取 HHT 时频谱上瞬时频率的统计学参数，包括均值(μ)、标准差(σ)、偏度(γ)、峰度(κ)，计算结果见表 6.4。

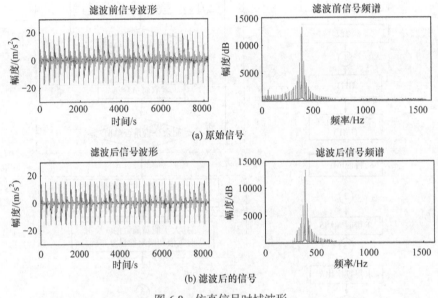

图 6.8　仿真信号时域波形

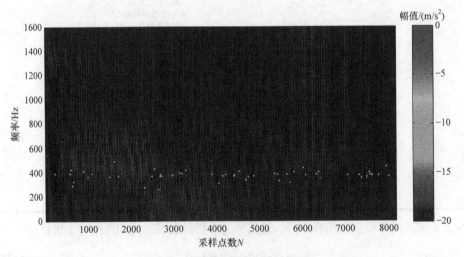

图 6.9　仿真信号的 HHT 时频谱图

表 6.4 统计学参数计算结果

统计值	数值	诊断结果
均值/Hz	380.4931	
标准差/Hz	21.6400	颤振
偏度	2.6602	
峰度	9.7181	

本章将临界状态归为颤振状态，选用标准差与均值比值的阈值 k_{lim} 作为稳态与颤振的区别参照(一般 k_{lim} 取 0.1～0.2)，本章中 $k_{lim}=0.1$，设 $k=\sigma/\mu$，当 $k \geqslant k_{lim}$ 时，诊断结果为稳定状态，当 $k < k_{lim}$ 时，诊断结果为颤振。

由图 6.9 和表 6.4 可知，$k < k_{lim}=0.1$，满足颤振条件，故根据传统的统计学方法，该仿真信号为颤振过程中的信号，颤振频率为 360～400Hz。但由上述内容可知，这是由于引入周期性干扰信号带来的误判。本章将时频熵作为代替方差的首个颤振指数，从能量分布集中程度的角度描述颤振，使得时频熵阈值具有物理意义。相对于方差的多变性，时频熵更加稳定。同时，为了排除上述周期干扰信号带来的颤振误判，将频次比作为区别这种信号的一个附加颤振指数引入颤振识别当中。

选择 HHT 时频谱(图 6.9)上每个采样点能量超过阈值(0.7)的极值点和其对应的频率绘制二维图，称为极值能量分布图，如图 6.10 所示。该图包含采样点数、频率两个信息，极限能量分布图中点的分布更加集中，且清晰地展现了该振动信号的时间连续性特征。计算该信号的时频熵 S 和频次比 R，结果见表 6.5。

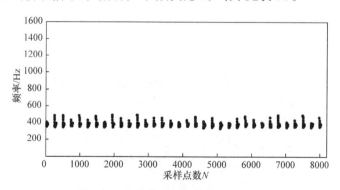

图 6.10 仿真信号的极值能量分布图

表 6.5 时频熵与频次比

S	R	诊断结果
0.4581	0.1669	稳定状态

　　由表 6.5 可知，时频熵 $S < S_{lim}$(本章中 S_{lim}=0.6)，能量出现聚集，可判断为有类似颤振现象发生；$R < R_{lim}$(本章中 R_{lim}=0.5)，在时间上高能量振动间断出现，不满足颤振的持续性特征。综合上述两个颤振指数得出结论：该过程没有发生颤振，但是有高能周期脉冲干扰信号出现。该结论与仿真信号条件相符。对比可知，传统判别方式的颤振判别指数多且阈值难以设定，同时容易产生颤振误判情况。本章提出的基于时频熵和频次比的颤振检测方法更加全面地考虑了颤振的特征，增加了颤振识别的可靠性。

6.5　基于车床 CJ0625 的颤振检测结果研究

6.5.1　正交切削实验台搭建

　　为了验证本章方法的实用性，根据表 6.2 的实验条件搭建基于 CJ0625 的测试实验台，如图 6.11 所示。保持主轴转速和进给速度不变，仅考虑不同切削深度情况下引发的颤振现象。使用普通硬质合金切槽刀，刃宽 2/3mm，按不同条件车削45 号圆钢棒。将加速度传感器置于刀具尾部以检测刀具加工过程中的振动信号。振动信号经高速数据采集卡传输到 PC 端进行信号的实时显示与分析。其采样频率为 3200Hz，采样点数 N 为 8192。实验采集三组实验数据，分别是切削深度为2mm、3mm、5mm 的三种状态下的时域信号，相应的实验记为算例 1、算例 2 和算例 3。三组实验算例对应的已加工表面如表 6.6 所示。

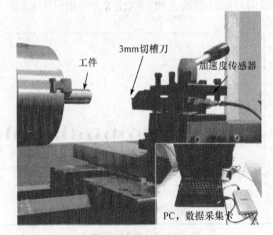

图 6.11　实验台搭建

表 6.6　三种状态下的加工表面

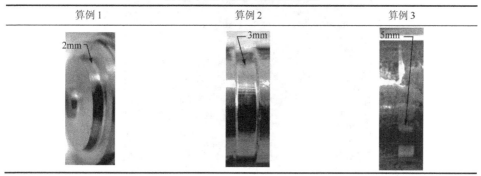

算例 1	算例 2	算例 3

6.5.2　基于时频熵的颤振检测结果

滤波频带为 100～1000Hz 时，三组算例对应的 HHT 时频谱如图 6.12 所示，其中图 6.12(a)～(c)分别为切削深度为 2mm、切削深度为 3mm、切削深度为 3mm 且轴不对中的三种加工情况。

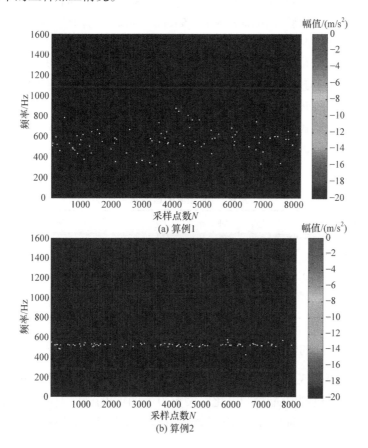

(a) 算例1

(b) 算例2

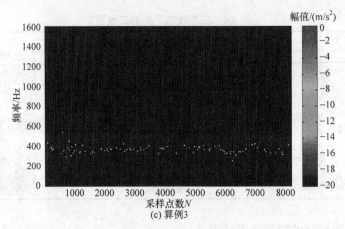

图 6.12　HHT 时频谱

　　三种情况下的时频熵见表 6.7。从三种情况下的时频熵值与其阈值的对比可知，算例 1 的时频熵值相对较大，这意味着算例 1 的能量小且分布散乱，属于稳定状态的特征。算例 2 的时频熵值很小，表明算例 2 的能量急剧增大且集中，高能量振幅所在频率范围为 500～550Hz，明显区别于算例 1，满足颤振状态特征。算例 3 的时频熵值处于两者之间，高能量幅值在频率上较为集中，主要是轴不对中引起的振动。相较于传统统计学参数阈值的难以界定，时频熵具有高能量集中的物理意义，且阈值设定容易。引入增益系数使得阈值选择更加灵活，无须增加统计学参数的数量，可以作为颤振检测的第一判据。但是依前所述，仅以时频熵代替传统参数没能区分轴不对中与颤振状态，导致对周期性干扰信号产生了误判。为了得到更加精确的颤振识别结果，需要结合下一步的频次比进行分析。

表 6.7　时频熵的诊断结果

条件	时频熵	诊断结果
算例 1	0.9998	稳定状态
算例 2	0.1586	颤振
算例 3	0.4513	颤振

6.5.3　基于频次比的颤振检测结果

　　算例 2 与算例 3 的极值能量分布如图 6.13 所示。极值能量分布图表征 HHT 时频谱中能量超过阈值(能量归一化后大于 0.7 的点)的极值点在每个时刻的分布情况。相较于 HHT 时频谱图，极值能量分布图具有更明显的频率集中的特征和时间连续性特征。计算三组算例的频次比，结果如表 6.8 所示。

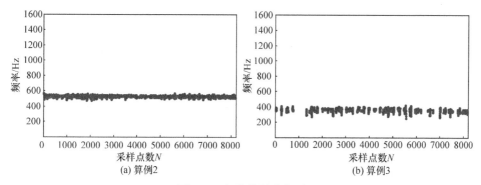

(a) 算例2　　　　　　　　　　　　　　　　(b) 算例3

图 6.13　极值能量分布图

表 6.8　频次比的诊断结果

条件	频次比	诊断结果
算例 1	0.0037	稳定状态
算例 2	0.5680	颤振
算例 3	0.2249	稳定状态

观察表 6.8 可以清晰地看到，算例 1(稳定状态)和算例 2(颤振)在时间连续性上存在着很大的差别。对于算例 1(稳定状态)和算例 3(轴不对中情况)，超过能量阈值的极值点数量少且在时间上比较分散，而算例 2(颤振)超过能量阈值的极值点数量多且在时间上较为密集，每周期占空比可达 50%以上。频次比可以有效地排除周期性干扰脉冲信号带来的颤振误判。因此，可以得出结论：选择适当的频次比阈值即可对连续出现的颤振信号进行判断，再结合时频熵的结果，从强烈性、稳定性、连续性三个方面全面实现对颤振状态的精确捕捉。

6.6　基于 ETC 数控机床的实验结果验证

6.6.1　ETC 实验台搭建

用本章提出的基于时频熵和频次比的颤振检测方法，选择真实加工的数控机床作为实验平台，分析其实验结果。机床加工过程的信息详见表 6.9，数控机床及其硬件连线图如图 6.14 所示。三轴加速度传感器绝缘后用胶粘贴于切槽刀前端面，其 x 的正向为轴向，指向主轴箱方向，y 的正向为径向切削方向。单轴加速度传感器用胶粘贴于切槽刀尾部。将噪声传感机器置于合适位置，准备条件完成后开始加工。

表 6.9　SYJC i5 系列数控机床加工信息

参数	信息
工件	45 号圆钢棒
刀具	切槽刀(刃宽 4mm)
主轴转速/(r/min)	800
进给速度/(mm/s)	0.05

　　用丹麦 B&K 公司的信号采集仪采集三轴加速度传感器的信号，同时显示其自谱分析结果。用 NI9234 采集卡和 ME'Scope 软件采集噪声信号并进行自谱分析，采样参数设置见表 6.10。

图 6.14　ETC 数控机床实验搭建

表 6.10　采样参数设置

参数设置	数值
采样频率/Hz	2048
采样点数	2048

6.6.2　ETC 数控机床数据分析

　　本实验的目的在于考虑切削深度对机床颤振的影响，故保持主轴转速和进给速度不变，仅改变切削深度。实验需采集三种状态下的信号，其分别为切削深度为 1mm、4mm 的信号和周期性干扰信号，三种状态下的信号频谱见图 6.15。

　　采用 6.3.2 节提出的颤振检测方法分析三组实验信号。稳定状态与颤振状态的滤波范围为 0~400Hz,干扰信号的滤波范围为 400~800Hz。绘制三组信号的 HHT 时频谱图和极值能量分布图，如图 6.16 所示。分别计算三种情况下的均值、标准差、时频熵和频次比，见表 6.11。

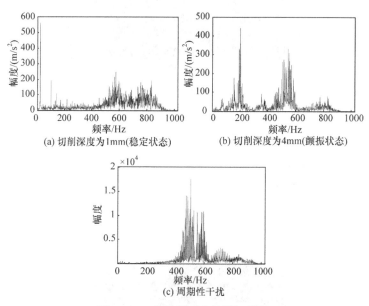

(a) 切削深度为 1mm(稳定状态)　　(b) 切削深度为 4mm(颤振状态)

(c) 周期性干扰

图 6.15　3 种情况下的信号频谱图

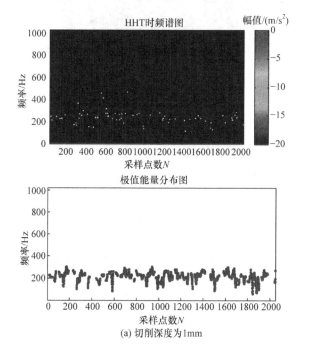

(a) 切削深度为 1mm

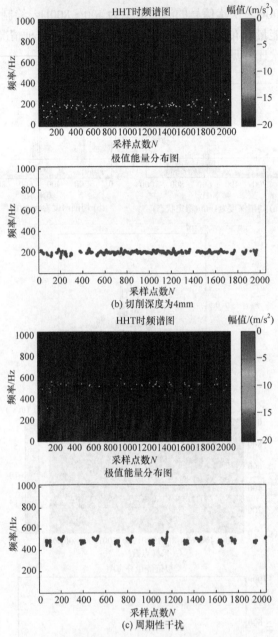

图 6.16　3 种情况的 HHT 时频谱图和极值能量分布图

表 6.11　3 种情况的判别参数

统计参数	切削深度		周期性干扰
	1mm	4mm	
均值 μ/Hz	213.0130	198.8109	493.6259
标准差 σ/Hz	40.4590	11.8649	16.7047
时频熵(k=1/1.5)	0.9521	0.4946	0.5944
频次比	0.5239	0.6274	0.2598

　　HHT 时频谱图是加速信号经过前期滤波形成的,切削深度为 1mm 与 4mm 时能量集中在 200Hz 左右,选取滤波频带为 0～400Hz,周期性干扰信号能量极大且集中在 500Hz 左右,故选取滤波频带为 400～800Hz。对滤波后的信号进行 HHT,经能量原则筛选得到特征固有模态函数,以这些特征固有模态函数绘制时频谱图。三种信号对应的极值能量分布图则是选取时频谱图经能量归一化后,选择值大于 0.3 的点绘制的。

　　对比切削深度为 1mm、切削深度为 4mm、周期干扰信号的 HHT 时频谱图可知：切削深度为 1mm 时其频率分布范围广,高能量点分布较为均匀、分散,满足稳定的状态特征；切削深度为 4mm 时,高能量点主要集中在很窄的频率范围内且时间上分布较为连续,满足颤振的状态特征；周期性干扰信号的时频谱特征与颤振状态类似,能量更高,分布具有一定的周期性,但其在时间上不连续,不满足颤振的连续性特征。

　　由表 6.11 中三种情况的判别参数可知,当切削深度为 1mm 时,$k_1=\sigma/\mu=0.1899$；当切削深度为 4mm 时,$k_2=0.0597$；当为周期性干扰时,$k_3=0.0338$。

　　由 6.4 节可知,$k_1 > 0.1$ 为稳定状态,k_2、$k_3 < 0.1$ 为颤振状态,可见用传统方法可以实现对颤振与稳态的区分,但是不能区分颤振与周期性干扰信号。另外,方差的设置需要大量的实验数据加以验证。

　　选择本章的方法,用时频熵代替均值方差,使振动能量具有统计意义,并且反映整个频域的能量信息。由表 6.11 中的时频熵值可知,切削深度为 4mm 时和周期性干扰信号状态下的时熵值小于 $S_{\lim}(S_{\lim}=0.6)$,这表明两种情况下皆有能量集中在固定频域的趋势,属于颤振的一种特征,而稳定状态时的熵值大于 $S_{\lim}$,没有能量在频域的集中现象。本章采用的方法是通过颤振状态能量剧增且集中的特征进行判断。

　　事实证明,仅通过时频熵的判别不能有效地区分颤振与周期性干扰两种状态,所以引入频次比的分析。大切削深度时高能量在时间上的连续性较好,能量出现概率超过 60%,而周期性干扰状态下的能量出现概率较小,小于一个周期的一半以上即衰减,不满足颤振的连续性特征。因此,简单的频次比判断即可排除某些周期性干扰信号带来的颤振误判。

6.7　本章小结

本章提出一种基于时频熵和频次比的 HHT 颤振检测方法,通过时频熵判断是否有强烈的振动发生,由频次比判断是否是连续的颤振。该方法避免了因某些周期性干扰信号带来的颤振误判。

切削过程中颤振检测是状态检测的一种,其设备和方法与切削过程中的振动检测是一样的,这是因为颤振本身就是一种振动。目前众多的颤振检测方法都具有一定的适用性,但是在工业应用中一般的切削都应尽量避免颤振,颤振信号是混杂在各种频率成分之中的,由人工提取频率成分,或者人工设置阈值使得颤振检测的实用性降低。结合智能学习方法,自动从频率成分中提取出颤振信号,或者自动调整阈值,能够提高方法的实用性。

参 考 文 献

[1] Altintas Y. Manufacturing Automation: Metal Cutting Mechanics, Machine Tool Vibrations, and CNC Design[M]. New York: Cambridge University Press, 2012.

[2] Wang L, Liang M. Chatter detection based on probability distribution of wavelet modulus maxima[J]. Robotics and Computer-Integrated Manufacturing, 2009, 25(6): 989-998.

[3] Kalvoda T, Hwang Y R. A cutter tool monitoring in machining process using Hilbert-Huang transform[J]. International Journal of Machine Tools and Manufacture, 2010, 50(5): 495-501.

第7章 车削颤振稳定性分析预测软件系统

目前，国内外学者针对切削加工过程的颤振预测理论进行了大量的研究，并且一些面向切削加工过程的动力学仿真软件和切削参数数据库相继被开发出来。美国的 MetalMax 系统通过对刀具的敲击实验，找出车床主轴的最优主轴转速。Altintas 等对车削加工过程中的颤振预测进行研究，开发了 CutPro 软件，对车削、铣削、镗削和钻削四种加工方式提供切削力、表面形貌、振动、温度方面的仿真分析。本书作者在总结国内外车削颤振理论及稳定性预测理论的基础上，开发了车削颤振稳定性分析预测系统。

7.1 车削颤振稳定性分析预测软件系统的主要功能

车削颤振稳定性分析预测系统由硬件和软件两部分组成。硬件部分基于 PC 和美国国家仪器(National Instruments, NI)公司的 USB 四通道数据采集卡，软件部分基于 Microsoft Visual Studio C#开发环境自行开发[1]。本书将软件部分称为车削颤振稳定性分析软件系统，它主要满足振动信号采集和数据分析两大功能需求。振动信号采集功能主要是对车床系统进行测试，得到刀具系统刀尖点的频响函数；数据分析功能主要是对测试数据进行分析，绘制稳定性叶瓣图。

7.1.1 振动信号采集功能

振动信号采集功能主要实现力锤信号和加速度信号数据的同步触发采集、频响函数计算、频响函数显示及频响函数数据保存。振动信号采集功能具体如下：

(1) 通过 USB 总线使软件系统连接到美国 NI 公司的数据采集卡，软件能够对 NI 数据采集卡采集通道识别、传感器的单位及灵敏度进行设置。

(2) 软件系统与压电集成电路(integral electronic piezoelectric, IEPE)传感器连接，使力锤传感器和压电加速度传感器通过自带的电荷放大器或电压放大器进行信号采集。

(3) 对采样频率、采样点数、分析频率、谱线数、测试平均次数等参数进行设置，满足对采集信号的要求。

(4) 通过采集到的力锤信号的数值，确定触发条件(触发电平和触发滞宽)，同时根据触发位置确定预触发样本。

(5) 对力锤信号加矩形窗，对加速度信号加指数窗，确定窗函数参数。

(6) 实现触发信号识别功能、力锤信号与加速度信号的同步触发采集功能、时域信号加窗功能和频响函数计算功能。

(7) 能够进行多次测试，对测试结果求平均。同时，对多次测试进行相干性计算，取消相干性差的一次测试。

(8) 显示加速度频响函数或位移频响函数的实部、虚部及相干性函数数据，能够根据需要对图形进行放大或缩小、数值显示等。

(9) 对测试的时域信号数据、加速度频响函数数据和位移频响函数数据进行导出，保存为 txt 格式的文件到任意位置。

(10) 在测试过程中能够进行声音提示以及实现其他辅助功能。

7.1.2　数据分析功能

数据分析功能主要是根据频响函数数据或者模态参数来绘制稳定性叶瓣图。数据分析功能具体如下：

(1) 根据切削类型(外圆切削或断面切削)导入频响函数文件(包括位移频响函数文件和加速度频响函数文件)。当传感器反向安装导致导入频响函数与实际频响函数相反时，软件能够进行反向处理。同时，当导入的频响函数为加速度频响函数时，系统能够将其转换为位移频响函数，并将频响函数在稳定性分析界面中显示。

(2) 能够输入刀尖点的模态参数(m、c、k)，由模态参数进行频响函数计算，并将频响函数在稳定性分析界面中显示。

(3) 能够根据频响函数图形进行频率范围的选择，重新显示选定频率范围内的频响函数实部数据和虚部数据。

(4) 能够由加工工件材料确定切削力系数(K_s)，选择频响函数频率范围、叶瓣数(N)等参数，计算主轴转速和极限切削深度，进行稳定性叶瓣图计算。

(5) 在计算稳定性叶瓣图前，对选定频率范围内的频响函数实部数据进行检验，保证频响函数数据满足计算稳定性叶瓣图的要求。

(6) 由模态参数绘制稳定性叶瓣图时，考虑过程阻尼对稳定性叶瓣图的影响，即能够绘制包含过程阻尼的稳定性叶瓣图。

(7) 稳定性叶瓣图绘制完成后，能够根据设置的主轴转速范围和极限切削深度范围进行稳定性叶瓣图的重新显示。

(8) 将不包含过程阻尼的稳定性叶瓣图数据或者包含过程阻尼的稳定性叶瓣图数据导出，保存为 txt 格式文件。

(9) 对输入参数的类型及数值进行限制及检验，保证输入参数的合法性，提高软件运行的可靠性。

7.2　车削颤振稳定性分析预测软件系统的设计思路

车削颤振稳定性分析预测系统软件选用 C#语言作为编程语言，开发平台为 Visual Studio 2010，在安装 Visual Studio 2010 的同时，.NET Framework 4.0 框架也被安装到本地计算机中。

车削颤振稳定性分析预测系统总体结构设计思路如图 7.1 所示，软件系统结构设计包括采集模块设计和分析模块设计。

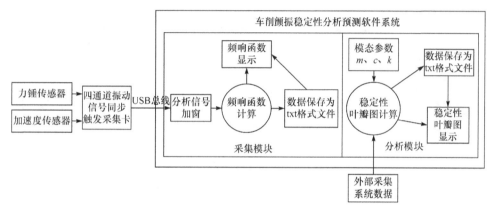

图 7.1　系统总体设计思路

四通道振动信号同步触发采集卡将力锤传感器和加速度传感器获取的时域信号通过 UBS 总线传输到 PC 内存中。采集模块首先对分析信号加窗，通过 FFT 将时域信号转换为频域信号，然后对频域信号进行频响函数计算得到刀具刀尖点的频响函数，将频响函数实部、虚部及测试相干性进行显示，最后将频响函数数据进行保存。可以将软件测试获得的频响函数数据或者其他测试软件获取的频响函数数据导入分析模块，将导入的频响函数在稳定性分析界面中显示，确定稳定性叶瓣图参数进行稳定性叶瓣图计算，将稳定性叶瓣图进行显示并保存稳定性叶瓣图数据；也可以在分析模块中输入模态参数(m、c、k)来计算刀尖点的频响函数，进行频响函数计算及显示，绘制稳定性叶瓣图及保存数据。

7.3　车削颤振稳定性分析预测软件系统设计及实现方法

车削颤振稳定性分析预测软件系统中，采集模块主要进行车床加工系统的测试，获取刀具系统的频响函数；分析模块主要进行频响函数数据处理，绘制加工系统稳定性叶瓣图，进行颤振稳定性预测。因此，车削颤振稳定性分析预测软件系统的设计主要包括采集模块设计和分析模块设计两部分。本节将主要介绍采集模块和分析模块的设计及实现方法。

7.3.1　车削颤振稳定性分析预测软件系统的整体结构

车削颤振稳定性分析预测软件系统由采集模块和分析模块组成，各模块由主窗体、辅助窗体和类等组成，整体结构如图 7.2 所示。

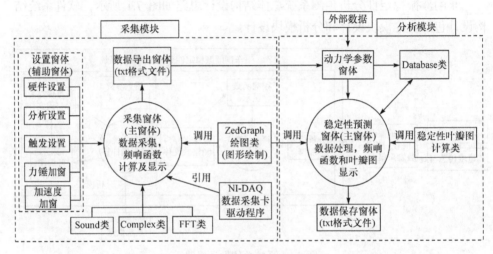

图 7.2　软件系统整体结构图

采集模块由硬件设置窗体、分析设置窗体、触发设置窗体、力锤加窗窗体、加速度加窗窗体、数据导出窗体、NI-DAQmx 数据采集卡驱动程序、Complex 类、FFT 类、ZedGraph 绘图类、Sound 类等组成。分析模块包括稳定性预测窗体、动力学参数窗体、数据保存窗体、稳定性叶瓣图计算类及 Database 类。

1. 采集模块

在进行频响函数测试时，采集模块首先通过设置窗体进行参数设置；然后通过 NI-DAQmx 数据采集卡驱动程序来驱动采集卡进行数据采集，采集窗体通过调用 Sound 类、Complex 类和 FFT 类将时域信号转换为频域信号，进行频响函数计算；接着调用 ZedGraph 绘图类在采集窗体界面上进行频响函数实部、虚部及测试相干性显示；最后通过数据导出窗体将频响函数数据以 txt 格式导出、保存。

2. 分析模块

在进行数据分析时，稳定性分析预测窗体首先通过动力学参数窗体导入频响函数数据或模态参数(*m*、*c*、*k*)数据，将数据存储到 Database 类中；然后在稳定性预测窗体中进行叶瓣图参数设置，调用 Database 类中的数据及稳定性叶瓣图计算类中的函数，进行稳定性叶瓣图计算；最后通过 ZedGraph 绘图类进行叶瓣图显示并通过数据保存窗体进行叶瓣图数据保存。

7.3.2　车削颤振稳定性分析预测软件系统采集模块

采集模块主要用于加工系统刀具尖点频响函数测试，获取加工系统的频响函数数据，为分析模块进行叶瓣图计算提供数据。由采集模块的结构分析，将采集模块的设计分为采集窗体(主窗体)、设置窗体(辅助窗体)、数据导出窗体的设计和 ZedGraph 绘图类的设计，以及 Complex 类、FFT 类、Sound 类及 NI-DAQmx 数据采集卡驱动程序的调用等。

1. 采集窗体

采集窗体的设计是采集模块设计的核心部分。采集窗体的设计包括采集窗体界面的设计、采集窗体内部结构设计、数据采集功能和频响函数计算功能的设计。

1) 采集窗体界面设计

采集窗体界面的设计如图 7.3 所示。采集界面主要包括三个部分：参数设置部分、测试部分和图形显示部分。参数设置部分用于进行测试前的参数设置和信号加窗，测试部分用于加工系统刀具刀尖点的频响函数测试，图形显示部分用于对所测频响函数及测试相干性进行显示。其中，参数设置可以在参数设置部分进行设置，也可以通过设置窗体(辅助窗体)进行设置。

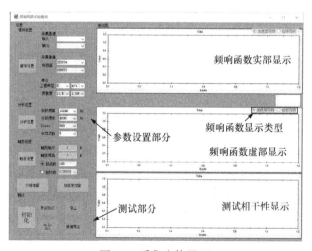

图 7.3　采集窗体界面

采集窗体界面的设计为 Windows 窗体设计,为软件的外部界面设计。在 Visual Studio 2010 开发平台上创建"Windows 窗体应用程序"项目,从工具箱中依次添加 GroupBox 控件、Button 控件、ComboBox 控件、Label 控件、RadioButton 控件、TextBox 控件和 ZedGraph 控件到采集窗体中。由于工具箱中不自带 ZedGraph 控件,需要将其添加到工具箱中。

2) 采集窗体内部结构设计

采集窗体内部结构设计主要用于实现采集窗体的功能,将各功能模块结合,与采集界面相对应。开始测试时,测试次数 N 为 0,以总测量次数 5 为例,采集流程图如图 7.4 所示。

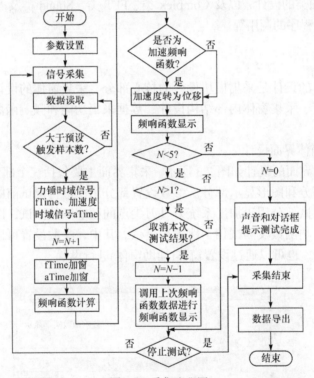

图 7.4　采集流程图

首先将硬件设备与软件系统连接,然后进行参数设置(硬件设置、分析设置、触发设置、力锤加窗和加速度加窗),设置完成后单击"开始测试"按钮,软件通过 NI-DAQmx 数据采集卡驱动程序进行信号采集,将力锤信号和加速度信号存入 PC 缓存中,由 Reader 函数进行数据读取并由 FindTrigger 函数寻找触发信号,找到触发信号后对力锤信号和加速度信号进行加窗和频响函数计算,再根据频响函数显示类型将频响函数的实部、虚部及相干性通过 ZedGraph 控件显示在采集窗口界面中。根据测试结果可以将误差较大的该次测试取消或者直接进行下一次测试。在测试未达到 5 次时，也可以通过单击"停止"按钮终止测试。测试完成后可通过数据导出窗体对测试结果进行保存。

3) 数据采集功能设计

数据采集功能的设计是采集窗体设计的核心部分，该部分设计的主要任务是实现振动信号的同步触发采集。

采集系统硬件组成及原理介绍如下。

系统硬件由 PCB086C01 力锤传感器、352C04 加速度传感器、NI9234 数据采集卡及 PC 组成。其中数据采集卡参数为：24 位 ADC 分辨率，102dB 动态带宽，每通道最大采样率为 51.2KS/s，AC/DC 耦合，四通道。每通道采样率为4096S/s，采样点数为 2048，FFT 分析以线数 800 为例，硬件组成原理如图 7.5所示。

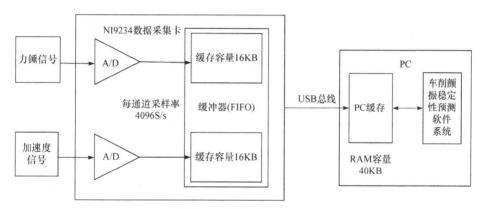

图 7.5　硬件组成原理图

力锤传感器、加速度传感器采集到的模拟信号进入数据采集卡，经 A/D 转换器转换为数字信号，进入先进先出(first input first output, FIFO)缓存器中，再通过 USB 总线进入 PC 缓存中，程序从 PC 缓存中每次读取一块(2048 个)数据进行分析。

(1) 缓存设置。

NI-DAQmx 驱动程序通过 Timing.ConfigureSampleClock 函数设置采样率和采集方式(采集方式为连续采集)。每个通道 FIFO 缓存容量为 16KB。驱动程序根据采样率自动选择合适的 RAM 缓存，采样率与 RAM 缓存关系如表 7.1 所示，则PC 缓存的大小为 156KB。程序中触发缓存 data、预触发缓存 pretrigger 及数据表缓存 dataTable 的大小为 2 倍的样本数 N，其中 $N = 2L$，L 为谱线数。

表 7.1　采样率与 RAM 缓存关系

采样率	RAM 缓存
0～100S/s	1KB
0.1～10KS/s	10KB
0.01～1MS/s	100KB
>1MS/s	1MB

(2) 同步触发采集功能。

同步触发采集就是找到力锤信号中触发信号的同时,将力锤信号(包含触发信号)和加速度信号进行采集,保证力锤信号与加速度信号的同步性与一致性。为了便于分析,将包含触发信号的力锤信号和加速度信号统称为分析信号,用于频响函数的计算和分析。

NI-DAQmx 驱动程序提供了基于 C#语言环境的应用程序接口,在开发平台的解决方案资源管理器中的"引用"中添加 NationalInstruments.DAQmx.dll 和 NationalInstruments. Common.dll 文件即可。程序通过 NI-DAQmx 驱动程序控制采集卡进行数据采集,FIFO 与 PC 缓存采用直接存储器存取(direct memory access, DMA)数据传输方式,将数据传输到 PC 缓存中。NI-DAQmx 数据采集程序包含创建任务、配置任务、开始任务、采集数据和取消任务。

任务开始后,数据采集卡的力锤、加速度通道分别以采样率 f_s 进行力锤信号和加速度信号的数据采集,存入采集卡的 FIFO 缓存中,NI-DAQmx 驱动程序控制数据通过 USB 总线不断传输到 PC 缓存中。为防止板载 FIFO 内存溢出,使用数据传输速率高达 1.8MB/s 的 USB 总线进行数据传输,由 NI-DAQmx 驱动程序中的 Reader 函数从 PC 缓存中依次读取一块数据。程序进行分析信号的获取,当数据获取完成后,通过 DAQ 程序集的 ClearTask 函数结束采集任务。

分析信号的获取过程即力锤信号和加速度信号的同步触发采集过程,程序每次从 PC 缓存中读取 N 个力锤信号数据和 N 个加速度信号数据存入 data 中,通过 FindTrigger 函数寻找力锤信号中的触发信号,将不包含触发信号的数据块(包含力锤信号和加速度信号)存入预触发缓存 pretrigger 中,再由 NI-DAQmx 驱动程序中的异步回调函数从 RAM 中读取下一个数据块。数据的读取与存储方式根据力锤信号中触发信号位置的不同而不同,主要分为以下两种情况:第一,预触发样本数小于或等于触发位置;第二,预触发样本数大于触发位置。

① 当预触发样本数小于或等于触发位置时,以采样率 $f_s = 4096S/s$,预触发样本数为 100,样本数 $N = 2048$,触发位置为 1000 为例,分析信号获取过程如图 7.6 所示。图中参数(数字)分别代表力锤信号数据和加速度信号数据中的数据位置或数据个数。

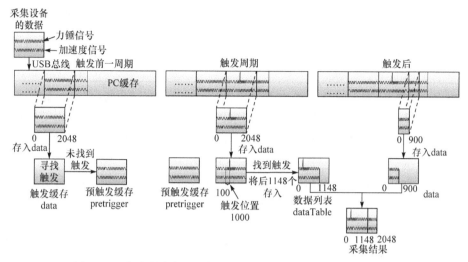

图 7.6　预触发样本数小于等于触发位置时的分析信号获取过程

程序从 PC 缓存中分别读取 2048 个力锤信号数据和加速度信号数据，存入 data 触发缓存中。在触发缓存 data 中寻找触发信号，将不包含触发信号的数据块保存到预触发缓存 pretrigger 中，程序调用 Reader 函数继续读取下一个数据块。未找到触发信号时，将数据块存入上次的 pretrigger 中，继续读取数据，直到找到触发信号。找到触发信号后，将触发位置前 100 个数据及剩余的 1148 个数据保存到数据列表 dataTable 中，继续从 PC 缓存中读入 900 个(力锤数据和加速度数据分别为 900 个)数据，保存到数据列表中。

②　当预触发样本数大于触发位置时，以采样率 f_s=4096S/s，预触发样本数为 100，样本数 N=2048，触发位置为 50 为例，分析信号获取过程如图 7.7 所示。

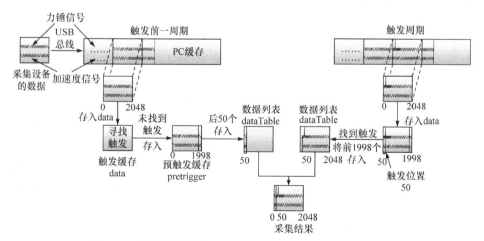

图 7.7　预触发样本数大于触发位置时的分析信号获取过程

数据列表 dataTable 中的数据由预触发缓存中的数据和包含触发信号数据块中的数据组成。数据读取和寻找触发过程如上所述，找到触发后，将预触发缓存 pretrigger 的后 50 个数据及 data 中前 1998 个数据保存在数据列表中。

4) 频响函数计算功能

频响函数计算主要是将采集得到的分析信号(时域信号)通过 FFT 转换为频域信号，进行频响函数的计算。频响函数计算功能设计的重点是将实数转换为复数、进行 FFT 和对多次测试数据求频响函数平均值。在开发平台的解决方案资源管理器中的"引用"中添加 Complex.dll 文件，通过动态链接库将外部类进行引用。通过调用设计的 FFT 类中的 FFT 函数进行 FFT。频响函数计算功能的流程如图 7.8 所示，其中 N 为测试次数，N 从 1 开始，达到预设定值结束。

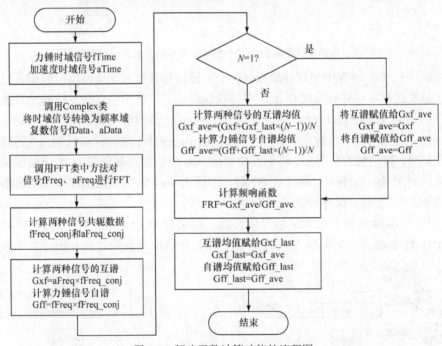

图 7.8　频响函数计算功能的流程图

第一次进行频响函数计算(N=1)时，将分析信号通过 Complex 类转换为复数信号，进行 FFT 得到频域信号，再求力锤信号自谱、力锤信号与加速度信号的互谱，由互谱信号和自谱信号进行频响函数计算。当进行下次测试时，对第二次分析信号进行 FFT，将互谱信号和自谱信号分别进行平均，再进行频响函数计算，直到测试结束。

5) FindTrigger 函数

寻找触发函数主要实现寻找力锤信号中触发信号的功能，对同步触发采集功能的实现非常重要。

信号触发采用上升沿触发方式，即上升沿信号从低于触发低电平开始上升并超过触发电平才为触发信号，如图 7.9 所示。通过力锤敲击获得脉冲信号，根据脉冲信号的幅值确定触发电平和触发滞宽。触发滞宽为触发高电平与低电平的差值，图 7.9 中触发电平为 5N，触发滞宽为 3N。

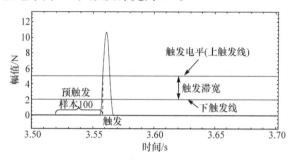

图 7.9   触发信号识别

FindTrigger 函数中的两个重要参数为触发电平(Level)和触发滞宽(Hysteresis)，在触发设置窗体中进行设置。触发函数的设计流程图如图 7.10 所示，未找到触发信号时 Trigger 为 0，找到触发信号时 Trigger 为 1。

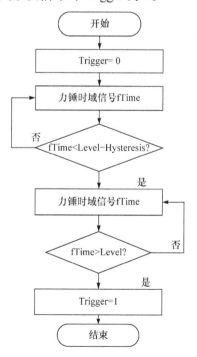

图 7.10   触发函数的设计流程图

程序调用 FindTrigger 函数对力锤时域信号 fTime 数据进行判断，首先寻找小于 Level-Hysteresis 的信号，找到该信号后，再从 fTime 中寻找大于 Level 的信号，找到的信号即触发信号，函数结束。

2. 设置窗体

设置窗体主要用于采集系统的参数设置。

1) 硬件设置窗体

硬件设置窗体主要用于硬件系统参数设置，包括采集通道、传感器、工程单位和灵敏度的设置。硬件设置界面如图 7.11 所示，界面的设计过程与采集窗体界面设计相似。

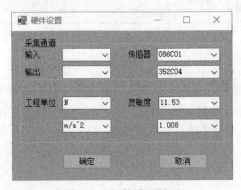

图 7.11　硬件设置界面

硬件设备与软件连接后，通过 NationalInstruments.DAQmx.DaqSystem 函数读取采集卡通道，并添加到输入输出通道的选项中，确定与传感器连接的采集卡通道号，选择与之对应的通道。选择测试所使用的传感器，在确定传感器之后，工程单位与灵敏度随之确定并显示到界面上。

2) 分析设置窗体

分析设置窗体主要包括时域参数、频域参数和平均次数的设置，界面如图 7.12 所示。采样频率参数确定触发设置窗体、力锤加窗窗体、加速度加窗窗体和采集窗体中信号采集的采样频率。分析频率确定频响函数的频率范围，谱线数(Lines) 用来确定频响函数的分辨率，平均次数确定采集窗体中的测试次数。采样间隔、采样时间由采样频率和采样点数来确定，分析间隔由分析频率和谱线数确定。采样频率是分析频率的 2.56 倍。将采样频率、采样点数、分析频率、谱线数等添加到该控件下，从而在参数设定时进行选择。

3) 触发设置窗体

触发设置窗体主要用于触发电平和触发滞宽等参数的确定，为采集窗体中的

FindTrigger 函数提供参数。触发设置窗体的设计主要包括触发窗体的界面设计和力锤信号的采集功能设计。触发设置的界面如图 7.13 所示。窗体主要包括参数设置和图形显示两部分。

图 7.12　分析设置窗体界面

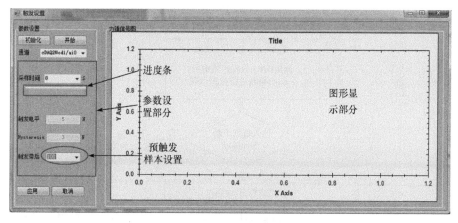

图 7.13　触发设置窗体界面

触发设置窗体的界面设计与采集设置界面相似：通过 ZedGraph 等控件进行界面设计，与采集设置界面不同的是触发设置界面多了一个进度条控件(ProgressBar)和一个时钟组件(Timer)。

触发窗体采集功能的实现与采集窗体中信号采集功能的实现相似，不同的是触发窗体采集只进行力锤通道信号的采集。采集功能设计流程如图 7.14 所示。

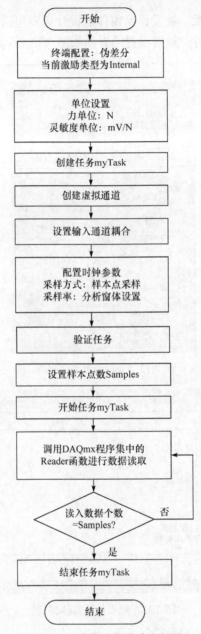

图 7.14　采集功能设计流程图

采集功能的实现主要是利用 NI-DAQmx 驱动程序，调用 Task 类、AIChannel 类创建任务和虚拟通道，通过 AnalogMultiChannelReader 类中的 Reader 函数进行数据读取。通过 DAQmx 中的 enum(枚举)类进行参数设置，包括单位、终端配置、激励类型等。

触发设置窗体流程图如图 7.15 所示，其中触发滞后设置的点数即采集窗体中的预触发样本数，保证在触发信号前有设定的预触发信号。

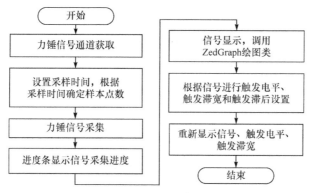

图 7.15　触发设置窗体流程图

4) 力锤加窗窗体

力锤加窗窗体确定力锤的窗函数参数，对信号加窗是为了抑制因信号截断而产生的能量泄露，减小由 FFT 频谱产生的栅栏效应导致的误差。

(1) 力锤加窗窗体界面。

力锤加窗窗体的界面如图 7.16 所示，界面包括采集通道显示、窗函数参数设置及图形显示部分。信号采集时，采集通道显示软件与硬件设备连接的通道，采集完成后，力锤信号、窗函数在界面中显示出来，根据力锤信号设置矩形窗函数前沿和后沿，显示出加窗后的力锤信号。横坐标为数据点数。

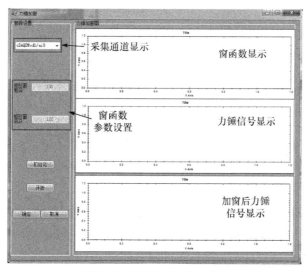

图 7.16　力锤加窗窗体界面

(2) 力锤信号加窗的实现。

力锤信号加窗就是将力锤信号与窗函数相乘，来获得加窗后的力锤信号。根据信号数据的点数进行加窗，矩形窗函数为

$$\text{fun}(i)=\begin{cases} 1, & m<i<n \\ 0.000001, & \text{其他} \end{cases} \tag{7.1}$$

式中，m 为矩形窗前沿；n 为矩形窗后沿。

力锤信号加窗流程如图 7.17 所示，其中力锤信号样本点数为 Samples。

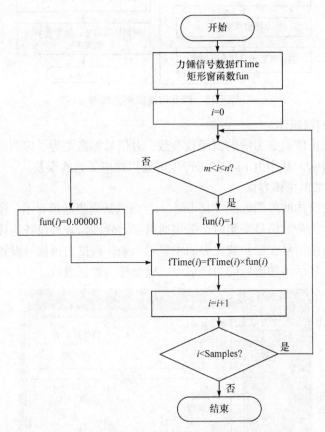

图 7.17　力锤信号加窗流程图

5) 加速度信号加窗窗体

加速度信号加窗是对加速度信号进行加窗，加速度信号采集过程与力锤信号采集过程相同，不同的是前者的分析信号为加速度传感器的加速度信号(aTime)。加速度信号加窗窗体设计与力锤信号加窗窗体设计类似，加速度信号加窗窗体界

面与力锤信号加窗界面相同，只是矩形窗前沿、矩形窗后沿变为指数窗前沿、指数窗后沿。

加速度信号加窗的流程图与力锤信号加窗的流程图相同，不同的是输入加速度信号为 aTime，窗函数为指数函数，即

$$\text{fun}(i)=\begin{cases} 0.1^{\frac{i-m-1}{n-m}}, & m<i<n \\ 0.000001, & \text{其他} \end{cases} \tag{7.2}$$

式中，m 为指数窗前沿；n 为指数窗后沿。

3. 软件绘图功能

采用 ZedGraph 绘图类库实现软件的绘图功能。

1) ZedGraph 控件的添加

在车削颤振稳定性分析预测系统软件的解决方案资源管理器的"引用"中添加 ZedGraph.dll 和 ZedGraph.Web.dll 文件，将该类库添加到系统中，然后在工具栏"选择"项的.NET Framework 组件中添加 ZedGraphControl.dll，ZedGraph 控件便显示在工具栏中，即可在 Form 窗体中添加 ZedGraph 控件。

2) ZedGraph 绘图类的设计

绘图类的设计主要是绘图方法的设计，采用无返回值的传参形式进行方法设计。为了满足不同的显示需求，这里采用方法的重载。当该方法被调用时，C#程序会根据调用方法的参数列表自动调用对应的方法进行图形绘制。实现软件中绘图功能的方法共有三种，它们的输入参数分别为参数列表 1、参数列表 2 和参数列表 3。具体形式如表 7.2 所示。

表 7.2　方法的参数形式

名称	参数形式
参数列表 1	ZedGraph 控件名，数组 1，数组 2，标题，x 轴，y 轴
参数列表 2	ZedGraph 控件名，数组 1，数组 2，标题，x 轴，y 轴，x 起点，终点，y 起点，终点
参数列表 3	ZedGraph 控件名，数组 1，数组 2，数组 3，数组 4，标题，x 轴，y 轴

绘图方法的设计流程如图 7.18 所示，绘图方法名称为 CreatePane，根据参数列表的形式进行三种具体方法的设计。

图 7.18　绘图方法设计流程

4. 数据导出窗体

数据导出窗体用于将获得的数据以 txt 的格式导出,将数据保存到指定位置。选择导出的信号类型,确定实验名称和实验号,单击"保存"按钮就完成了数据保存。若选中"自动增加"选项,软件会根据实验数据保存次数,使实验号依次增加。

1) 数据导出窗体界面设计

数据导出窗体的界面如图 7.19 所示,主要包括导出信号类型选择、保存文件名称、文件保存路径三部分。

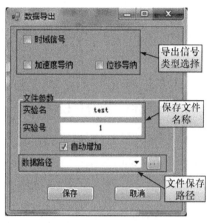

图 7.19　数据导出界面

2) 数据导出功能

　　数据导出可选择导出时域信号、导出加速度信号和导出位移信号，其导出过程如图 7.20 所示。

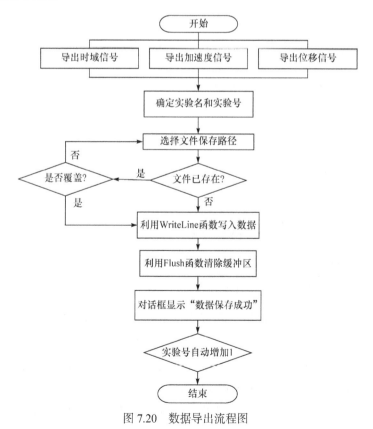

图 7.20　数据导出流程图

数据导出功能的实现用到了 StreamWrite 类，该类用于对文件进行写操作。首先通过 File 类中的 AppendText 函数将保存路径、实验名称和实验号作为文件名称，然后通过 StreamWrite 类中的 WriteLine 函数将数据以一定的格式写入文件中。

7.3.3　车削颤振稳定性分析预测软件系统分析模块

车削颤振稳定性分析预测软件系统分析模块的主要功能是由频响函数数据进行稳定性叶瓣图计算，得到加工系统的稳定性叶瓣图，从而进行稳定性预测。

1. 车削稳定性分析窗体

车削稳定性分析窗体的设计是分析模块设计的核心部分，主要包括界面设计和内部结构的设计。

1) 车削稳定性分析窗体界面

车削稳定性分析窗体界面主要包括导入频响函数、频响函数显示范围、切削力系数设置、叶瓣图参数设置、过程阻尼分析、叶瓣图显示范围及图形显示部分，如图 7.21 所示。

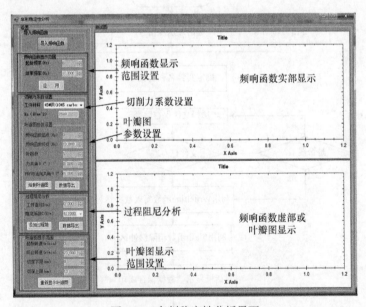

图 7.21　车削稳定性分析界面

车削稳定性分析窗体的界面设计过程与采集窗体的界面设计过程类似，都是对控件、容器等的添加。导入频响函数与动力学参数窗体相连接。频响函数显示范围设置用于显示一定频率范围内的频响函数。叶瓣图参数设置包括对叶瓣数、力夹角(β)、FRF 与法向夹角(α)、频响函数起点和频响函数终点的设置，用于计算稳定性叶瓣图。过程阻尼分析主要包括工件直径(D)和阻尼系数(C)的设置，将过程阻尼对稳定性叶瓣图的影响考虑在内。叶瓣图显示范围设置用于将叶瓣图按需要的范围进行显示。图形显示部分主要用于频响函数和叶瓣图的显示。

2) 车削稳定性分析窗体的内部结构

车削稳定性分析窗体的内部结构主要包括导入频响函数数据、叶瓣图参数设置、叶瓣图计算、叶瓣图显示和数据保存等部分，其设计流程如图 7.22 所示。

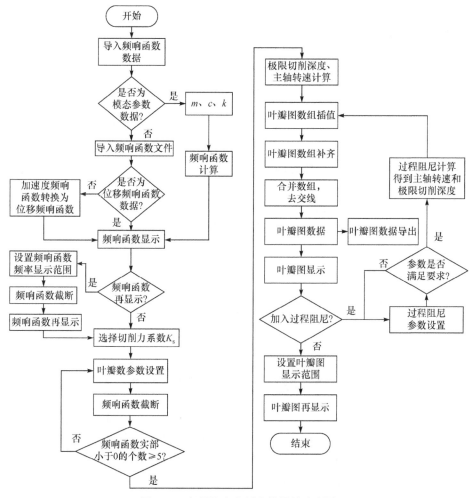

图 7.22　车削稳定分析窗体设计流程图

车削稳定性分析窗体首先从 Database 类中导入频响函数数据，根据数据类型对数据进行计算。然后通过 ZedGraph 绘图类在窗体中的 ZedGraph 控件中进行频响函数显示。对于在低频有干扰信号的频响函数，可以通过截取需要分析频率范围的频响函数进行显示。设置完叶瓣图参数后，系统会根据选择的频率范围进行数据验证，将符合条件的频响函数数据通过调用 LobesCalculate 类中的方法进行稳定性叶瓣图计算，得到叶瓣图数据后将其存入 Database 类中，在 ZedGraph 控件中进行显示，可以进行数据导出。对于由模态参数计算得到的稳定性叶瓣图，可以通过加入过程阻尼，调用 LobesCalculate 类中的过程阻尼计算方法，进行包含过程阻尼的稳定性叶瓣图计算。最后，通过叶瓣图重新显示功能将叶瓣图按设置范围进行显示。

2. 动力学参数窗体

动力学参数窗体用于频响函数数据的导入，为车削稳定性分析窗体提供数据。动力学参数窗体主要实现频响函数文件导入和动力学参数导入功能。

1) 动力学参数窗体界面

动力学参数窗体界面如图 7.23 所示。数据类型主要包括导入文件和动力学参数，切削类型包括径向切削和轴向切削，导入频响函数文件包括方向频响函数、频响函数信号类型及频响函数方向的选择，输入动力学参数主要包括质量、阻尼、刚度、分析频率和谱线数。

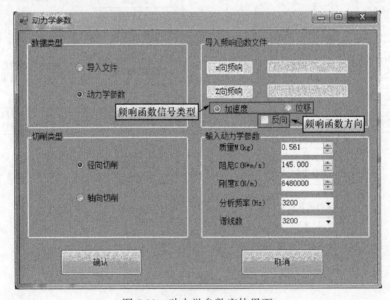

图 7.23　动力学参数窗体界面

当选择"导入文件"选项后，只能对"导入频响函数文件"部分进行操作；选择"动力学参数"选项后，只能对"输入动力学参数"部分进行操作。选中"切削类型"中的"径向切削"选项时，只能从"x 向频响"输入频响函数文件；选择"轴向切削"时选项只能对"z 向频响"进行操作。

"导入频响函数文件"部分中的"加速度"和"位移"选项用来确定输入文件数据为加速度频响函数还是位移频响函数。通过"反向"选项可以对频响函数进行正负方向的选择。

2) 动力学参数窗体结构设计

动力学参数窗体结构主要围绕数据导入进行设计，实现了导入频响函数数据或导入刀尖点模态参数(m、c、k)的功能。动力学参数窗体设计流程图如图 7.24 所示。首先进行数据类型选择，确定导入频响函数文件或者输入动力学参数(m、c、k)，然后进行切削类型选择，确定切削方式，最后确定频响函数数据或者动力学参数，完成数据导入。

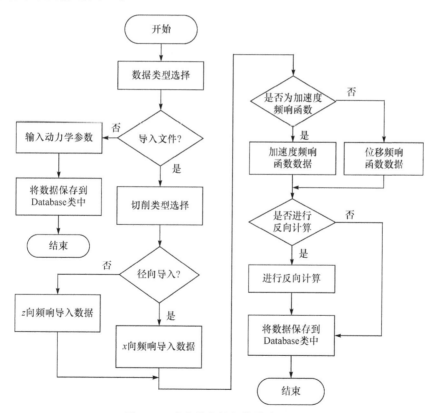

图 7.24　动力学参数窗体设计流程图

动力学参数窗体的设计以导入频响函数文件为主，导入模态参数为辅。在导入数据时，只能对一个方向上(径向或者轴向)的数据进行导入。导入的数据保存到 Database 类中，使稳定性分析窗体能够获取数据及数据传递。

在动力学参数窗体的设计中，从文件中导入数据时用到了 OpenFileDialog 类打开文件对话框,使用了 FileInfo 类构造函数,打开选定的文件。调用 StreamReader 类中的 ReaderLine 函数进行数据读取，将数据存入动态数组 ArrayList 类的数组变量中。

3. 稳定性叶瓣图计算类

稳定性叶瓣图计算类是稳定性叶瓣图计算的核心部分，在车削颤振稳定性分析预测软件系统分析模块中具有重要作用。该类的设计独立于软件设计，它是为绘制叶瓣图专门设计的类，便于后期的维护与功能拓展，可作为动态链接库融入其他软件中。叶瓣图计算类包括字段、属性和方法等。字段作为类的内部变量，用于计算稳定性叶瓣图。叶瓣图计算类的统一建模语言(unified modeling language, UML)类图如图 7.25 所示。

图 7.25　稳定性叶瓣图计算类的 UML 类图

稳定性叶瓣图计算类的 UML 类图中包含了该类的所有属性和方法，属性用于与外部进行数据传递，方法用于数据运算，求得稳定性叶瓣图。要在车削稳定性分

析窗体调用该类，首先在解决方案资源管理器的"引用"中添加 LobesCalculate.dll
文件，在命名空间中引用 LobesCalculate，将 StableLobesCalculate 类进行实例化。

1) 稳定性叶瓣图计算类的变量和属性

稳定性叶瓣图计算类的字段为私有变量，即叶瓣图类的内部变量，因此需要
将字段进行封装，作为类的属性，与外部变量进行数据传递。叶瓣图类的属性及
含义如表 7.3 所示。在变量中，应用到了交错数组和矩阵数组混合使用的数组，
如 BlimOmega、LobesInterpolate、LobesFill 变量。该数组中每个矩阵数组存储主
轴转速和极限切削深度数据，所有矩阵数组一起构成一个变量，这样可以使一个
变量包含所有叶瓣的主轴转速和极限切削深度，使程序简洁明了。

表 7.3　稳定性叶瓣图计算类的属性及含义

属性名称	含义
LobesNum	稳定性叶瓣图的叶瓣数
Ks	切削力系数
FreqStart	设置的频响函数频率起点
FreqEnd	设置的频响函数频率终点
Mass	刀尖点的模态质量
Damping	刀尖点的模态阻尼
Stiffness	刀尖点的模态刚度
AnalyFreq	分析频率
Lines	谱线数
Diameter	工件直径
C	等效过程阻尼系数
ForceAngle	切削力夹角
FRFangle	频响函数与法向夹角
FRFdata	分析窗体导入的频响函数数据
BlimOmega	极限切削深度和主轴转速
LobesInterpolate	叶瓣数组差值后的数据
LobesFill	数组补齐后的数据
Lobes	叶瓣图数据

2) 稳定性叶瓣图计算类的方法

稳定性叶瓣图计算类的方法是实现叶瓣图绘制功能的核心部分，主要包括计

算频响函数方法、加速度频响函数转换为位移频响函数方法、频响函数截断方法、极限切削深度和主轴转速计算方法、叶瓣图插值方法、叶瓣图补齐方法、叶瓣图数组合并方法和过程阻尼计算方法。

(1) 计算频响函数方法。

计算频响函数方法(CalculateFRF())主要实现由模态参数(m、c、k)计算频响函数的功能,其设计流程如图 7.26 所示。计算频响函数为有返回值型函数,其返回值类型为双精度混合数组。首先实例化 StableLobesCalculate 类,通过类的属性将模态参数、分析频率及谱线数赋给字段,计算频响函数方法将字段作为变量,确定模态参数(m、c、k)、分析频率(AnalyFreq)和谱线数(Lines)。确定输入量后,通过公式计算固有频率(ω_n)和阻尼比(ζ),由谱线数将频响函数离散化,通过分析频率和谱线数确定频率分辨率及角速度(ω),通过 for 循环进行频响函数的实部和虚部数据计算,将数据进行保存。最后通过 return 语句将计算结果返回,保存到 Database 类的字段中。

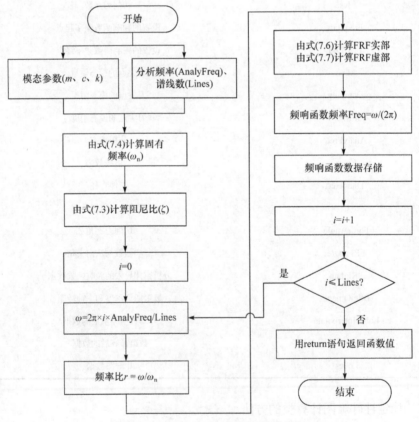

图 7.26　CalculateFRF()方法的流程图

其中，要使用的公式如下。

车削加工系统的阻尼比和固有频率计算公式为

$$\zeta = c/(2\sqrt{mk}) \tag{7.3}$$

$$\omega_{\mathrm{n}}^2 = \frac{k}{m} \tag{7.4}$$

式中，ζ 为阻尼比；ω_{n} 为单自由度系统的固有频率(rad/s)；c 为刀尖切削系统的阻尼(N/m)；m 为刀尖切削系统的等效质量(kg)；k 为刀尖切削系统的刚度(N/m)。

频响函数为

$$H(\mathrm{i}\omega) = \frac{1}{k(-\omega^2/\omega_{\mathrm{n}}^2 + 2\zeta\omega/\omega_{\mathrm{n}}\,\mathrm{i} + 1)} \tag{7.5}$$

式中，ω 为角速度(rad/s)。

频响函数的实部 $\mathrm{Re}(H)$(m/N)和虚部 $\mathrm{Im}(H)$(m/N)分别为

$$\mathrm{Re}(H) = \frac{1 - r^2}{k((1-r^2)^2 + (2\zeta r)^2)} \tag{7.6}$$

$$\mathrm{Im}(H) = \frac{2\zeta r}{k((1-r^2)^2 + (2\zeta r)^2)} \tag{7.7}$$

式中，r 为频率比，$r = \omega/\omega_{\mathrm{n}}$。

定向频响函数(y 方向频响函数)为

$$H_{\mathrm{orient}}(\mathrm{i}\omega) = \mu H(\mathrm{i}\omega) = \cos(\beta-\alpha)\cos\alpha\frac{1}{k(-\omega^2/\omega_{\mathrm{n}}^2 + 2\zeta\omega/\omega_{\mathrm{n}}\,\mathrm{i} + 1)} \tag{7.8}$$

式中，μ 为定向因子，$\mu = \cos(\beta-\alpha)\cos\alpha$。

(2) 加速度频响函数转换为位移频响函数方法。

加速度频响函数转换为位移频响函数方法(AccToDisp())主要实现将加速度频响函数转换为位移频响函数的功能，为稳定性叶瓣图的计算提供数据。AccToDisp()为有返回值函数，其返回值类型为双精度混合数组。该方法的设计比较简单，设计流程如图 7.27 所示。

加速度频响函数数据(FRFdata)为一双精度混合数组，分别存储加速度频响函数的频率、频响函数实部和虚部数据。将加速度频响函数的频率转换为角频率，再将实部和虚部进行两次积分转换为位移频响函数的实部和虚部。对实部和虚部的积分就是将实部和虚部分别除以$(\mathrm{i}\omega)^2$，其中 i 为虚数单位，$\mathrm{i}^2=-1$。将加速度频响函数中所有实部和虚部数据运算完成后，存入频响函数混合数组中，通过函数返回值将位移频响函数数据存入 Database 类的 FRF_d 中。

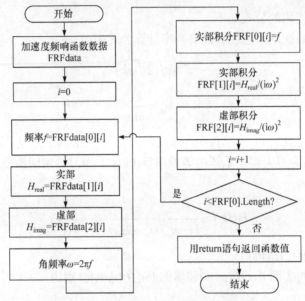

图 7.27　AccToDisp()方法设计流程图

(3) 频响函数截断方法。

频响函数截断方法(TruncateFRF())主要用于对选定频率范围内的频响函数进行截取，实现稳定性分析窗体中频响函数频响范围选择的功能，其设计流程图如图 7.28 所示。

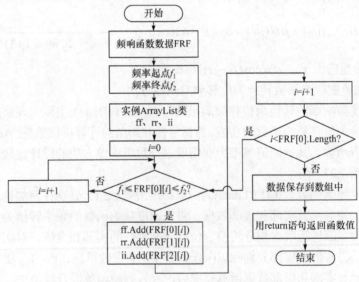

图 7.28　TruncateFRF()方法设计流程图

将 Database 类中的频响函数数据通过叶瓣图计算类的属性传递给频响函数截断方法的变量，通过窗体界面设置频率范围起点 f_1 和终点 f_2，来确定截取频响函数的范围。通过 ArrayList 类实例化 ff、rr 和 ii 动态数组，来存储满足条件的频响函数的频率、实部和虚部数据。计算完频响函数中所有数据后，将其转化为数组，保存数据，通过 return 语句返回函数值。

(4) 极限切削深度和主轴转速计算方法。

极限切削深度和主轴转速计算方法(BlimOmegaCalculate())主要实现稳定性叶瓣图的极限切削深度和主轴转速计算的功能，是稳定性叶瓣图计算最核心的部分。其中，用到的公式如下。

车削加工系统极限切削深度 b_{lim}(m)[2]为

$$b_{\mathrm{lim}} = -\frac{1}{2K_s \mathrm{Re}(H_{\mathrm{orient}})} = -\frac{1}{2K_s \cos(\beta-\alpha)\cos\alpha\,\mathrm{Re}(H)} \tag{7.9}$$

式中，K_s 为切削力系数(N/m²)；$\mathrm{Re}(H_{\mathrm{orient}})$ 为定向频响函数实部；β 为切削力与工件表面法向夹角(°)；α 为刀具主振动方向与振动敏感方向 y 轴的夹角(°)；$\mathrm{Re}(H)$ 为加工系统频响函数的实部(m/N)。

切削过程中主轴转速 Ω(r/min)的计算公式为

$$\Omega = 60 \times \omega_c \bigg/ \left(N + \frac{\varepsilon}{2\pi} \right) \tag{7.10}$$

式中，ω_c 为颤振频率(Hz)；N 为叶瓣图上的叶瓣数，$N=0,1,2,3,\cdots$；ε 为本次切削与上次切削的相位角差(rad)。

当 $\mathrm{Im}(H) \geqslant 0$ 时，

$$\varepsilon = \pi - 2\arctan(\mathrm{Im}(H)/\mathrm{Re}(H)) \tag{7.11}$$

当 $\mathrm{Im}(H) < 0$ 时，

$$\varepsilon = 2\pi - 2\arctan(\mathrm{Re}(H)/\mathrm{Im}(H)) \tag{7.12}$$

BlimOmegaCalculate()方法的设计流程如图 7.29 所示。

将 Database 类中的频响函数数据、切削力系数(K_s)、叶瓣数(N)、切削力夹角(β)、频响函数方向角(α)通过稳定性叶瓣图类的属性传递给叶瓣图类的字段，为极限切削深度和主轴转速的计算提供数据。BlimOmegaCalculate()方法首先找出频响函数数据中所有实部数据小于零的部分保存到 H_{real} 数组中，同时将对应的频率和虚部分别保存到数组 H_{freq} 和 H_{imag} 中；然后对每个叶瓣的极限切削深度和主轴转速进行计算，将主轴转速和极限切削深度数据分别保存到对应叶瓣的 BlimOmega 中。所有叶瓣计算完成及数据存储完成后，方法结束。

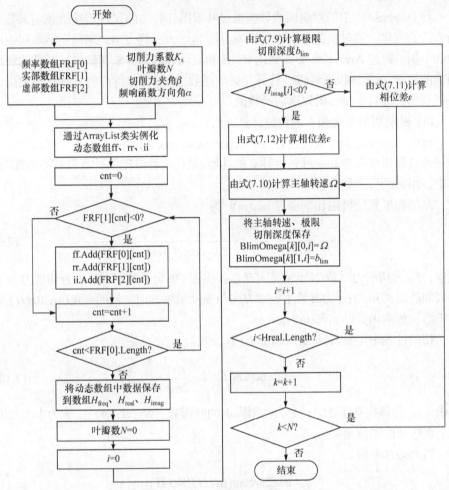

图 7.29　BlimOmegaCalculate()方法流程图

(5) 叶瓣图插值方法。

叶瓣图插值方法(LobesInterpolate())对每个叶瓣进行数值插值,为去除各叶瓣的交叉部分做准备。叶瓣图插值方法采用线性插值的方法,以主轴转速步长为1r/min进行插值,实现流程如图 7.30 所示。

叶瓣图插值方法的设计主要分为两大部分,一部分是进行插值运算,另一部分是将插值后的数据存入 LobesInterpolate 混合数组中。首先采用动态数组 om 和 bm 来接收插值后每个叶瓣的主轴转速和极限切削深度,将动态数组转化为静态数组。然后对每个叶瓣相邻两个主轴转速间的插值采用 while 循环语句,主轴转速每次递增 1,再对下一个相邻主轴转速进行插值,直到该叶瓣所有主轴转速插值完成后,将数据保存,接着进行下一个叶瓣的插值运算。

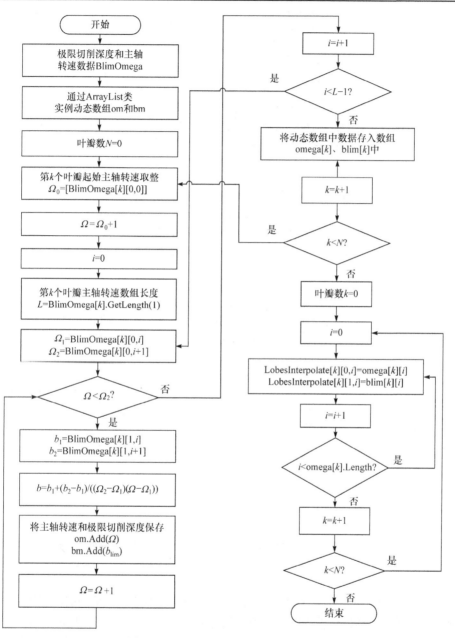

图 7.30　LobesInterpolate()方法流程图

(6) 叶瓣补齐方法。

叶瓣补齐方法(LobesFill())主要将每个插值后的叶瓣数组进行数据补齐,保证每个叶瓣数组大小相等,以便能够将所有叶瓣的极限切削深度进行比较,去交线。其设计流程如图 7.31 所示。

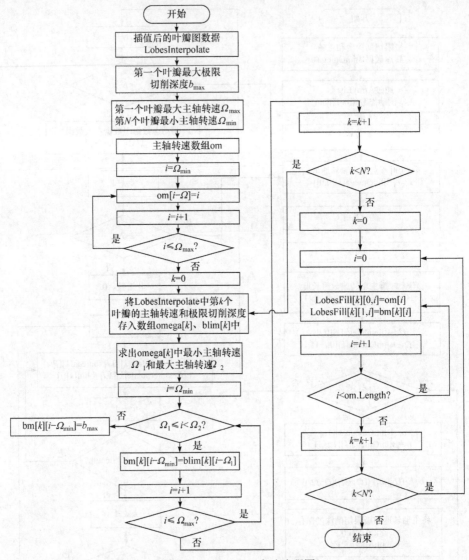

图 7.31　LobesFill()方法流程图

　　由图 7.31 可知，叶瓣数组补齐方法主要包括主轴转速补齐、极限切削深度补齐和数据存储三部分。首先通过插值后的叶瓣图数据(LobesInterpolate)求出最大极限切削深度 b_{max} 作为叶瓣数组中补齐的极限切削深度值，求出叶瓣图数据中主轴转速的最大值(Ω_{max})和最小值(Ω_{min})作为补齐后数组的主轴转速范围，将补齐后的主轴转速保存到数组 om 中。然后对每个叶瓣数组进行极限切削深度补齐，将数组 blim[k]中的极限切削深度保存到 bm[k]中对应主轴转速下的切削深度，bm[k]中其他主轴转速下以 b_{max} 作为极限切削深度，进行数据保存。最后，将补齐后的极限切削深度和主轴转速保存到矩阵数组与混合数组混合使用的数组 lobesFill 中。

(7) 叶瓣图数组合并方法。

叶瓣图数组合并方法(LobesMerge())主要是将叶瓣图去交线,得到最后的稳定性叶瓣图数据。设计思路为将各个叶瓣图数组中的极限切削深度两两比较,将最小的切削深度保存到极限切削深度数组 blim 中。所有叶瓣比较后,将主轴转速数组 omega 和极限切削深度数组 blim 中的数据保存到 lobes 混合数组中,最后通过 return 语句将函数值进行返回。叶瓣图数组合并方法的设计流程如图 7.32 所示。

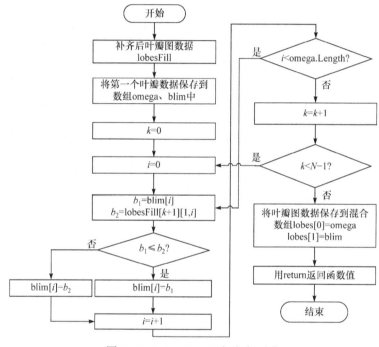

图 7.32　LobesMerge()方法流程图

(8) 过程阻尼计算方法。

过程阻尼计算方法(ProcessDampingCalculate())主要是将过程阻尼的作用加入稳定性叶瓣图中。该方法实现了在动力学参数(m、c、k)绘制稳定性叶瓣图方法中添加过程阻尼,提高了在低速切削时稳定性预测的准确性。过程阻尼计算方法中用到的公式如下。

切削速度 V 的计算公式为

$$V = \frac{\pi d}{60} \Omega \qquad (7.13)$$

式中,d 为工件直径(m);Ω 为主轴转速(r/min)。

新黏性阻尼系数 c_{new}(N·s/m)的计算公式为

$$c_{\text{new}} = c + C\frac{b}{V}\cos^2\alpha \qquad\qquad (7.14)$$

频响函数的实部 Re(H)(m/N)和虚部 Im(H)(m/N)分别见式(7.6)和式(7.7)。
ProcessDampingCalculate()方法设计流程如图 7.33 所示。

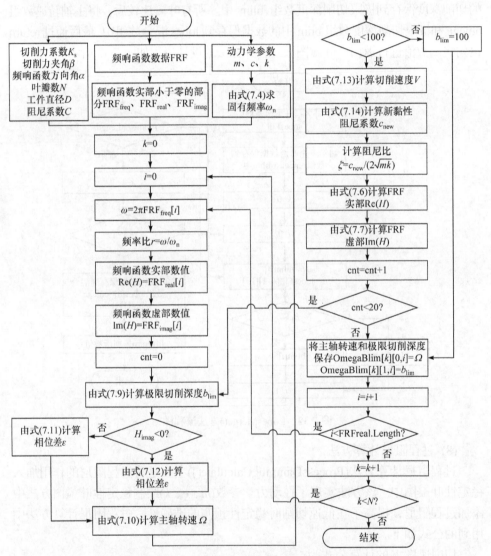

图 7.33　ProcessDampingCalculate()方法流程图

通过 Database 类的属性给叶瓣图计算类的字段赋值,进行过程阻尼的计算,并将包含过程阻尼作用的主轴转速和极限切削深度保存到 OmegaBlim 数组中。过程阻尼的计算过程主要是首先对每个叶瓣的每一个主轴转速和对应的极限切削深度进行新黏性阻尼系数(c_{new})的计算,然后利用新黏性阻尼系数计算主轴转速和极限切削深度,再计算 c_{new} 依次迭代,直到极限切削深度收敛(本算法中迭代 20 次)。对于有些极限切削深度值为发散的, 当其值大于 100 时就跳出迭代循环, 可赋值 100 作为切削深度上限。

绘制包含过程阻尼的稳定性叶瓣图步骤如下:

① 由刀具刀尖点模态参数(m、c、k)计算不包含过程阻尼的主轴转速(Ω)和极限切削深度(b_{lim})。

② 由主轴转速(Ω)和工件直径(D)计算切削速度(V),通过切削速度和极限切削深度计算相对应的新黏性阻尼系数(c_{new})。

③ 通过新黏性阻尼系数(c_{new})重新计算稳定性叶瓣图的主轴转速(Ω)和极限切削深度(b_{lim})。

④ 重复步骤②和步骤③,直到对应的极限切削深度收敛。

4. Database 类的设计

Database 类主要实现数据的传递与存储功能,作为稳定性分析窗体、动力学参数窗体、ZedGraph 绘图类及叶瓣图计算类等之间的桥梁。Database 类的 UML 类图如图 7.34 所示。

```
Database
+FRF_data : static double[][]
+FRF_d : static double[][]
+FreqStart : static int
+FreqEnd : static int
+Ks : static int
+LobesNum : static int
+BlimLow : static int
+BlimUp : static int
+OmegaStart : static int
+OmegaEnd : static int
+FreqShowStart : static int
+FreqShowEnd : static int
+Lobes : static double[][]
+FRF_show : static double[][]
+FRF : staticdouble[][]
+change : static bool = false
+fileChange : static bool = false
+paraChange : static bool = false
+accOrDis : static bool = true
+Mass : static double
+Damping : static double
+Stiffness : static double
+AnalysisFre : static int
+Lines : static int
+Diameter : static double
+C : static double
+ForceAngle : static double
+FRFangle : static double
```

图 7.34　Database 类的 UML 类图

Database 类主要由字段组成，用于存储各参数及计算结果。Database 类为静态类，调用其属性时不需进行实例化就可直接进行赋值或取值。

7.4 车削颤振稳定性分析预测软件系统的测试

测试系统的硬件设备包括单轴加速度传感器、PCB 力锤、NI 四通道数据采集卡和计算机等。各硬件设备及型号如表 7.4 所示。

表 7.4 硬件设备规格参数

设备名称	型号	灵敏度	单位
PCB 力锤	086C01	12.29	mV/N
单轴加速度传感器	352C04	1.008	mV/(m/s^2)
NI 四通道数据采集卡	9234	—	—

对大理石板进行频响函数测试，将 PCB 力锤和单轴加速度传感器分别与 NI 四通道数据采集卡的 0 通道和 1 通道相连，单轴加速度传感器通过热熔胶与大理石板一端连接，NI 四通道数据采集卡通过 USB 总线与计算机连接。

7.4.1 采集模块测试结果

进行参数设置之后，用力锤连续敲击被测物体(大理石板)并用系统对信号进行采集，结束后可以在采集界面中进行大理石板结构的频响函数测试。测试结果如图 7.35 所示。

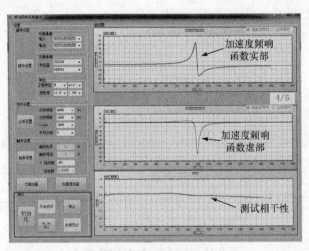

图 7.35 频响函数测试

7.4.2　分析模块测试结果

1. 由模态参数求稳定性叶瓣图

输入模态参数后，可绘制不包含过程阻尼作用的叶瓣图，如图 7.36 所示。添加过程阻尼后，可以绘制包含过程阻尼作用的稳定性叶瓣图，如图 7.37 所示。

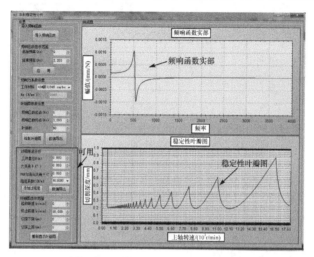

图 7.36　不包含过程阻尼的叶瓣图

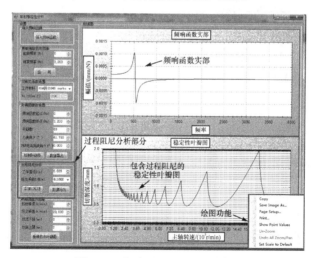

图 7.37　包含过程阻尼的叶瓣图

2. 由频响函数求稳定性叶瓣图

导入频响函数文件后可得到选定频率范围内的频响函数实部和虚部。图 7.38 显示了频率范围为 20～400Hz 的切断刀刀尖点位移频响函数实部和虚部数据。

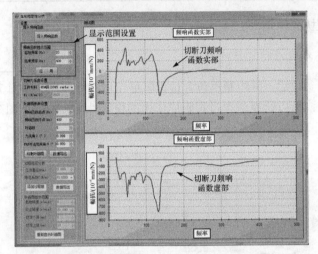

图 7.38　频率范围为 20～400Hz 的频响函数

进行参数设置之后，可以得到特定范围内的加工系统的稳定性叶瓣图。图 7.39
显示了主轴转速为 300～10000r/min、极限切削深度为 0～10mm 的稳定性叶瓣图。

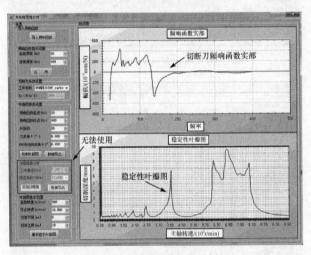

图 7.39　切断刀稳定性叶瓣图

7.5　车削颤振稳定性分析预测软件系统的实验验证

采用车削颤振稳定性分析预测软件系统对 CJ0625 车床的切断刀进行频响函
数测试，实验设备主要包括 CJ0625 卧式车床、切断刀刀尖、工件、NI 数据采集
卡、单轴加速度传感器、PCB 力锤和计算机等。

用热熔胶将单轴加速度传感器粘贴在切断刀刀柄后端面，采用力锤敲击刀尖进行切断刀刀尖点的频响函数测试，设备连接如图 7.40 所示。

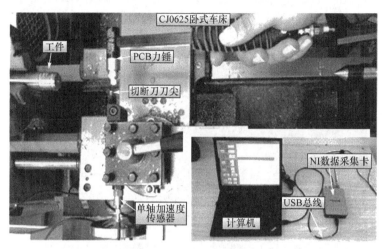

图 7.40 CJ0625 车床测试

由刀尖点位移频响函数绘制稳定性叶瓣图，得到主轴转速 Ω 为 500～3000r/min 时的车床加工系统的稳定性叶瓣图，如图 7.41 所示。

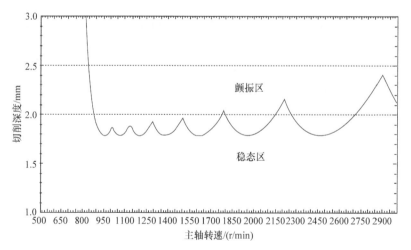

图 7.41 加工系统的稳定性叶瓣图

由刀尖点稳定性叶瓣图可知绝对稳定极限切削深度为 1.8mm，也就是当切削深度小于或等于 1.8mm 时，加工系统不会发生颤振。绘制出加工系统的稳定性叶瓣图后，进行切削实验。切削加工后，在进行小切削深度切削时不发生颤振；在进行大切削深度切削时发生颤振。加工工件表面如图 7.42 所示。

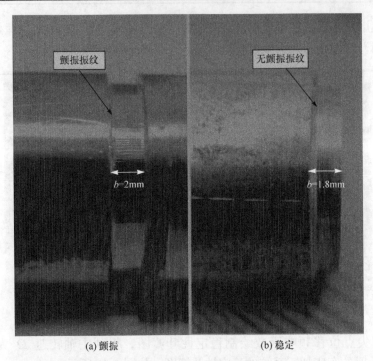

(a) 颤振　　　　　　　　　　　　　　(b) 稳定

图 7.42　加工工件表面

　　由 45 号圆钢棒的加工表面可以看出：以切削深度 b 为 1.8mm 进行端面切削时，工件表面没有明显颤振振纹，即加工系统没有发生颤振；当以切削深度 b 为 2mm 进行端面切削时，加工工件表面有明显颤振振纹，即加工系统发生了颤振。这与车削颤振稳定性预测软件的预测结果一致，如图 7.43 所示。

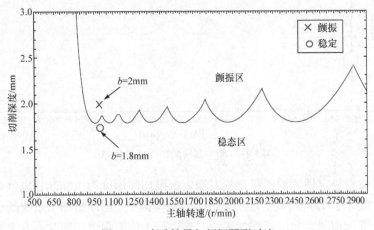

图 7.43　实验结果与颤振预测对比

7.6　本　章　小　结

　　本章主要介绍了自行开发的车削颤振稳定性分析预测系统。硬件部分由 NI 数据采集卡、PCB 力锤和单轴加速度传感器组成，软件部分基于 C#编程，具有触发采集、稳定性叶瓣图的生成等功能。

　　颤振稳定性分析系统的开发需要振动采集分析理论与软件工程技术的结合，目前国外的产品比较成熟，但价格昂贵，在国内应用较少。颤振分析中需要结合刀具类型、加工方式等采用不同的颤振分析方法，因此，颤振分析系统的软件开发需要进行大量的工作。

参 考 文 献

[1] 刘宇, 刘亚超, 张义民. 车削颤振稳定性预测软件研究与开发[J]. 东北大学学报(自然科学版), 2016, 37(3): 373-377.

[2] Schmitz T L, Smith K S. Machining Dynamics: Frequency Response to Improved Productivity [M]. New York: Springer Science, Business Media, 2008.

第 8 章　铣削加工动力学仿真

切削过程是一个高速动态的过程,切削过程中材料应力、温度分布切屑的形成过程都难以采用传感器测试获得。而有限元仿真技术提供了新的解决途径,通过有限元仿真可以将高速的铣削过程放慢为不同的阶段,便于学者进行分析且可以获得实验中不能获取的实验参数。目前常用的切削仿真软件有切削专用软件Deform-3D、AdvantEdge,以及通用有限元仿真软件 ANSYS、ABAQUS 等。

本章利用 Deform-3D 软件对铝合金材料的微铣削槽铣过程进行模拟仿真,应用刚塑性有限元法,从铣刀与工件几何模型、材料模型、摩擦模型、分离准则等方面对仿真过程进行分析,通过仿真分析不同的刀刃半径对铣削过程中切削力以及切屑生成的影响。

8.1　铣削过程描述

本章所分析问题为未加涂层的硬质合金铣刀对 Al6061 材料工作进行槽铣过程中铣削力的变化情况,其几何模型如图 8.1(a)所示,铣刀切削深度为 b,沿顺时针方向旋转,以进给速度 f 对工件进行槽铣。图 8.1(b)为铣削各参数示意图。

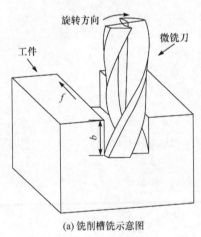

(a) 铣削槽铣示意图

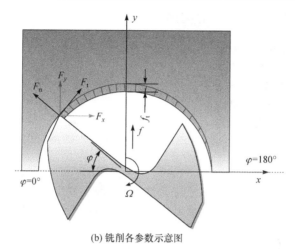

(b) 铣削各参数示意图

图 8.1 铣削槽铣几何模型

以铣刀中心点为坐标原点，从 z 轴向 xy 所在平面进行投影，进给方向为 y 轴正向，以铣刀轴向为 z 轴，x 轴垂直于 y、z 轴建立坐标系。当铣刀旋转角为 φ 时，切屑深度如图 8.1 所示，其最大值与每刃进给量 f_t 相同，刀刃处切削力为切向切削力 F_t 和法向切削力 F_n。为便于统一，经坐标转换后切削力表现为 F_x 和 F_y。

8.2 铣削三维建模

8.2.1 刀具几何模型

采用铣削刀具的几何特征进行建模，能够更精准地模拟铣削过程。所用铣刀为刀头直径 0.5mm 的立铣刀，铣刀材料为碳化钨(WC)，其具体的几何参数如表 8.1 所示。

表 8.1 铣刀几何参数

刀具材料	刀具长度/mm	切削刃长度/mm	刀头直径/μm	刀柄直径/mm	前角/(°)	后角/(°)	螺旋角/(°)	截取高度/μm
WC	50	3	500	4	-2	17	30	200

微铣刀直径非常小，其螺旋刃部分的形状极其复杂，精准的建模对铣削仿真过程中刀刃轨迹、刀具与工件接触状态及铣刀切削刃去除材料厚度都有一定的影响。本章利用 500 万像素的 SK2700U 光学显微镜对铣刀的特征进行观察，采用 SolidWorks 软件对铣刀进行参数化建模，通过光学显微镜观察刀具底面形状，建立与实际铣刀相同的参数化模型，如图 8.2 所示。仿真中为了减少运算量，提高运算效率，在不影响运算精度的情况下，对铣刀进行适当的简化处理，仅保留从

刀尖点处沿轴向距离 0.2mm 的铣刀部分。

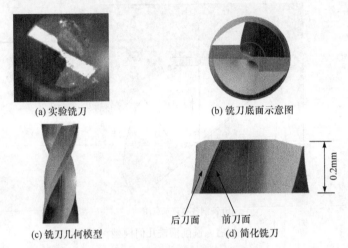

(a) 实验铣刀　　　　　　(b) 铣刀底面示意图

后刀面　　前刀面

(c) 铣刀几何模型　　　　(d) 简化铣刀

图 8.2　铣刀放大及建模示意图

8.2.2　Al6061 材料的本构模型

　　建立材料的本构模型，可以获得变化的应力作用下材料的应变，本构模型的参数决定了工件在挤压作用下材料的应力流动情况。在仿真过程中将铣刀定义为刚性，将工件材料定义为塑性，忽略铣刀的微小变形，在仿真过程中只考虑其摩擦及传热的分析。铣刀的材料为硬质合金碳化钨，工件材料为 Al6061。常用的本构模型有 Johnson-Cook 模型、Zerilli-Armstrong 模型、Follansbee-Kocks 模型和 Bodner-Partom 模型。在这些模型中，Johnson-Cook 模型适用于高温、高应变率的动态问题，而且在数值分析中可以很大程度地降低计算量，因此得到了广泛应用。本章采用 Johnson-Cook 本构模型来模拟材料的应力流动[1]：

$$\sigma = (A + B\varepsilon^n)\left(1 + C\ln\frac{\dot{\varepsilon}}{\dot{\varepsilon}_0}\right)\left(1 - \left(\frac{T - T_r}{T_m - T_r}\right)^m\right) \tag{8.1}$$

式中，ε 是等效塑性应变；$\dot{\varepsilon}$ 和 $\dot{\varepsilon}_0$ 是等效塑性应变率和参考塑性应变率；T 是工件切削部位的温度；T_r 是材料的熔点；T_m 是室温；n 是应变硬化指数；m 是热软化指数；A、B 和 C 是材料的屈服强度、应变和应变敏感率。

　　材料 Al6061 的 Johnson-Cook 本构模型参数如表 8.2 所示，其应力应变率曲线如图 8.3 所示。

表 8.2　Al6061 的 Johnson-Cook 本构模型参数

A/MPa	B/MPa	C	n	m	T_m/K	T_r/K	$\dot{\varepsilon}_0$ /s^{-1}
324	114	0.011	0.35	1.34	923.15	293.15	1

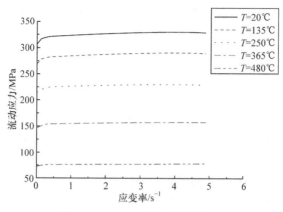

图 8.3　Al6061 应力应变率曲线

要进行有限元仿真，还需要了解材料的物理及热属性参数。本章的刀具采用硬质合金刀具，主要成分为碳化钨，Al6061 及铣刀材料的物理及热属性参数如表 8.3 所示。

表 8.3　Al6061 及铣刀材料的物理及热属性参数

材料特性	Al6061	碳化钨
密度/(kg/m³)	2700	——
弹性模量/GPa	68.9	——
泊松比	0.33	——
导热性/(W/(m · K))	167	55
比热容/(J/(kg · K))	896	15
热膨胀系数/(10⁻⁶/℃)	23.6	4.7
熔点/℃	620	2870
室温/℃	20	20

8.2.3　网格划分

网格划分是仿真过程中重要的一环，不同的网格数量会使仿真的计算精度和计算规模不同。划分的网格数不能太少，当划分网格数量较少时，工件有可能会发生变形，不能正确模拟模型的几何形状，达不到要求的模拟效果；当划分网格数增多时，计算精度会随之提高，但是计算量也会增加，导致计算时间增长；当网格数量达到一定程度后，对仿真精度的提高影响不大。因此，在保证模拟效果的前提下，网格数的划分应该尽可能小。

　　Deform-3D 软件采用的是经过特殊处理的四面体单元。根据以上网格划分的原则，本章对工件和铣刀进行网格划分，将工件划分为 1.5×10^5 个网格，而铣刀网格较为稀疏，有 8×10^4 个网格，并在铣刀刀刃与工件接触的部分进行了网格细化划分，使工件的最小网格达到 0.5μm 左右，以保证切削量较小时的模拟精度。

　　铣削过程中刀具与工件会进行周期性接触，在接触时会发生铣刀刀尖点进入工件网格中的现象，这种现象称为干涉。刀具与工件发生干涉的数值较大会使仿真结果不准，严重时会导致仿真出错而无法继续运行。为了使其与实际铣削过程相符，需要对工件网格进行重划分，重划分的具体过程将在 8.3.1 节进行说明。

　　Deform-3D 软件具有强大的自适应网格重划分功能，可以让用户自行设定细分网格区域及该区域网格密度与非细分区域网格密度的比值，并且它可以随铣刀的运动而不断变化位置、不断调整网格的迭代过程，从而提高求解精度。槽铣三维仿真示意图如图 8.4 所示，图中存在细分网格区，该网格区域会随着刀具的旋转运动对刀尖与工件接触部分进行自动加密和细化，在远离切削的区域，网格稀疏度不发生变化。

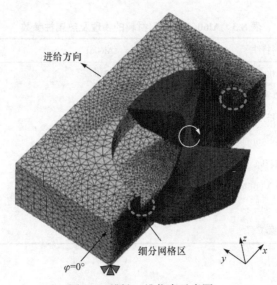

图 8.4　槽铣三维仿真示意图

8.2.4　分离准则

　　传统有限元切削模拟主要通过两种方式实现切屑分离：一是通过定义断裂准则，采用几何或者物理断裂准则实现节点分离或者单元删除从而实现切屑的分离；二是通过网格重划分技术，采用一定准则使全部或者局部网格进行重新划分实现切屑的分离。

　　第一种方式中,几何分离准则主要是将刀具与工件接触区域中刀尖处节点与即将被切削的工件单元最近节点的距离变化作为节点分离的依据,如图 8.5 所示。该距离值选择应适当,过大会导致网格提前分离,与实际情形不符;过小会导致分离不及时,而使刀具和工件网格相互渗透,仿真的精确度降低。物理分离准则主要基于有限元计算中节点的应力、应变和应变能等物理量是否达到预设值而进行分离判断。Carroll 等[2]定义切削路径上刀尖点最近的工件网格节点的等效塑性应变作为准则,当达到预设值时,工件网格节点发生分离,该值一般为 $0.4 \sim 0.6$。

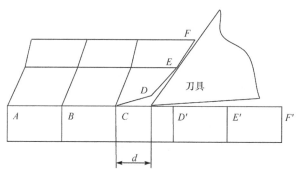

图 8.5　几何分离过程

　　几何分离准则以距离作为标准,物理分离准则能反映工件在切屑生成过程中所发生的塑性应变。但是实际过程中,切屑生成时应力等物理量时刻在发生变化,在有限元软件中很难模拟,特别是难加工材料(如钛合金等)在高速铣削过程中发生再结晶现象,很难有一个确定的临界值。

　　第二种方式是与网格重划分技术相结合,在工件材料网格发生变形以后,通过一定的准则对网格进行重划分,将切削完成的部分划分为更加细小的网格,由边界条件进行约束,进而产生了切屑。Deform-3D 软件中采用这种方式进行切屑分离,其分离准则有以下三项:一是默认设置,当接触节点的应力值大于 0.1MPa 时实现分离;二是设置节点应力值与材料流动应力的比值,当达到预设值时进行节点分离;三是设置绝对应力值,当接触节点的应力值大于绝对应力值时实现分离。

8.2.5　摩擦模型与接触问题处理

　　在铣削加工过程中,铣刀与工件接触区域间的摩擦非常复杂,受很多因素影响,如切削速度、进给速度、刀具前角等,最主要还是受前刀面正压力的影响。Zorev[3]的研究说明,前刀面的应力分布是不连续的,是正应力和剪切应力分布的函数。正应力在刀尖点处最大,随着与刀尖点距离的增加,应力不断下降,到切屑从前刀面分离时应力为零。而切应力在刀尖点处呈现均匀分布，在前刀面与切屑接触的后面部分不断下降，至刀屑分离时应力为零，如图 8.6 所示。由于正应力与切应力的不同分布状态，传统的库仑摩擦定律已不能完全阐释刀屑接触时的摩擦力分布。

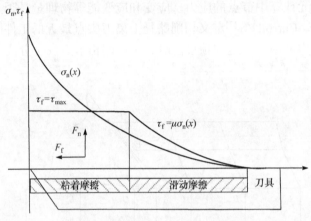

图 8.6　刀具前刀面上的应力分布

在有限元仿真中常采用如式(8.2)所示的摩擦模型，将摩擦分为两个不同的区域：粘着摩擦区域和滑动摩擦区域[4]。在粘着摩擦区域，剪切摩擦定义为 $f_s=mk$，其中 k 是工件材料的剪切屈服应力，m 是摩擦因数。在滑动摩擦区域，摩擦应力定义为 $f_c=\mu p$，其中 p 是刀具与工件的接触应力，μ 是摩擦因数。当 $\mu p<mk$ 时，定义接触为粘着接触；当 $\mu p \geqslant mk$ 时，定义接触为滑动接触。另外，在切屑卷曲的过程中可能会与工件接触，为了模拟切屑产生过程中与工件接触，设置切屑与工件的接触为粘着接触，系数为

$$\begin{cases} f_s = mk, & mk > \mu p \\ f_c = \mu p, & mk \leqslant \mu p \end{cases} \tag{8.2}$$

8.2.6　传热边界条件

切削过程产生的热量是不断变化的，初始环境温度设置为 20℃，符合实际情况，热导系数取 0.02。因为材料的塑性应变做功绝大多数转变为热能，所以将其转换效率取值为 0.9。

热量的传递有三种方式：热传导、热对流和热辐射。在切削加工过程中，切屑和刀具从接触到分离是一个很复杂的过程，切削热在刀具与工件之间的传递是这三种方式的综合。由于在热量集中的初始阶段，刀具与切屑连续接触，热对流和热辐射对刀具与切屑之间热传递的影响相对较小，取热导系数为 10^6W(m·K)。

8.3 仿真关键参数分析

8.3.1 网格重划分预设值分析

在采用有限元方法对金属切削过程进行仿真模拟时会将工件划分为有限单元，工件材料发生剧烈应变会导致单个单元变形量过大，容易出现网格畸变现象。而刀具与工件单元的干涉、网格畸变等因素都会降低有限元的求解精度，使结果无法收敛，最终使模拟过程无法进行。为了保证有限元模拟过程的顺利进行，有限元仿真软件应具有网格重划分功能，在刀具与工件干涉或网格变形量达到预设标准时应该终止计算，同时进行网格重划分，并将上一步中的各种参数传递到新网格中，达到继续运行的目的。

1. 网格重划分判据

网格重划分判据是用于判定重划分的条件，主要分为网格畸变判据和干涉判据两种形式。干涉判据是指在金属切削的有限元求解过程中，随着刀具的不断旋转进给运动，在刀尖这种曲率较大的表面会出现刀具网格进入工件网格的情况，如图 8.7(a)所示，以工件网格被干涉边 AB 为底边向刀具边线作垂线 CD，其最大的干涉距离为 d，当干涉距离超过允许值时，网格进行重划分。网格畸变判据是从坐标变换等后台计算方面进行考虑。在二维仿真问题中，对于一个四边形网格，设其中的一个节点为 Q_1，Q_2 和 Q_3 是 Q_1 的两个相邻节点，λ_2、λ_3 分别为 Q_1 到 Q_2 和 Q_3 的单位矢量，若由 λ_2 和 λ_3 构成的平行四边形面积为负，则认为网格畸变，如图 8.7(b)所示。因此，二维网格畸变的判断标准为

$$\lambda_2 \times \lambda_3 \leqslant P \tag{8.3}$$

式中，P 是定义网格畸变的常数。

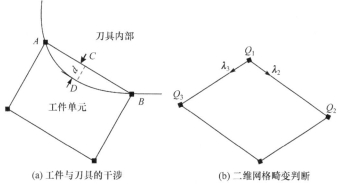

(a) 工件与刀具的干涉   (b) 二维网格畸变判断

图 8.7 网格重划分判据

当满足干涉判据和网格畸变判据其中的一项或者两项同时满足时，有限元仿真系统就进行网格重划分。

2. 新网格的生成

对于工件与刀具接触中的干涉网格，在重划分过程中需要对其进行调整。首先要提取旧网格的边线，并将边线上的点作为新网格参考线上的点；将刀具与工件已接触部分的节点进行提取，作为新网格的边界点；以刀具接触处的边界线作为新网格的边线，并与其余部分协调处理生成新的网格。

3. 新旧网格间物理场的传递

网格重划分的目的是让仿真连续进行，需要将网格重划分前的信息传递到新网格中。变形量、应力值以及各节点温度等都是必须传递的物理场量。但是在这些需要传递的物理场量中，一部分是描述单元的物理量，另一部分是描述节点的物理量，其信息传递的方式有所不同。描述单元的物理场量(如等效应变速率或等效应变等)一般是在高斯点处输出或者以单元形心处的平均值输出，需要先将其转换为节点上描述的物理场量再进行新旧网格间的计算传递。因此，新旧网格间的物理场量传递分为如下四个步骤。

(1) 将有限元计算得到的等效应变由单元形心处分配到相应的节点上。对于二维仿真，常采用绕点面积加权平均法，其公式如下：

$$\overline{\varepsilon}_l = \frac{\sum\limits_{j=1}^{k} \overline{\varepsilon}_j S_j}{\sum\limits_{j=1}^{k} S_j} \tag{8.4}$$

式中，$\overline{\varepsilon}_l$ 为 l 节点的等效应变值；$\overline{\varepsilon}_j$ 为节点 l 所在第 j 个单元的等效应变值；S_j 是节点 l 所在第 j 个单元的面积。

(2) 确定新旧网格各节点间的坐标对应关系。假设新网格中的节点 l 位于旧网格体系的单元 j 中，则节点 l 的总体坐标可以借助单元 j 的形函数用该单元所有节点的总体坐标表示为

$$\begin{cases} \sum\limits_{i=1}^{m} N_i(r,s)x_l = x \\ \sum\limits_{i=1}^{m} N_i(r,s)y_l = y \end{cases} \tag{8.5}$$

式中，$N_i(r,s)$ 为旧网格的形函数；(x_l, y_l) 为旧网格中的节点坐标($l=1,2,\cdots,m$)；m 为

单元包含的节点数量，对于四边形网格，$m=4$；(x,y)为新节点的全局坐标。

(3) 通过步骤(2)中的对应关系将旧网格的等效应变值传递到新网格节点 i 上。取新节点的等效应变值为

$$\overline{\varepsilon}_i = \sum_{l=1}^{m} N_l(r,s)\overline{\varepsilon}_l \tag{8.6}$$

(4) 求解新网格中各单元的物理场量。当所有节点等效应变值传递到新网格后，可通过绕点面积加权法的反求公式进行单元场量的求解，但是该方法计算复杂且效率低下，一般可采用单元各节点物理场量的平均值作为该单元的场量值，用式(8.7)进行计算：

$$\overline{\varepsilon}_n = \frac{1}{4}\sum_{i=1}^{4}\overline{\varepsilon}_i \tag{8.7}$$

式中，$\overline{\varepsilon}_n$ 为新网格中单元的物理场量；$\overline{\varepsilon}_i$ 为新网各节点的物理场量。

4. 不同预设值的影响

Deform-3D 软件依靠网格重划分生成切屑，其重划分标准为刀具与工件的渗透深度，该值可由用户自行设定。由于该值对切屑的生成十分重要，本节通过二维仿真的方式分析不同网格重划分值对仿真结果的影响。刀具与工件材料采用 8.2 节中三维仿真的材料参数。为便于观察单元形变及刀具与工件的渗透深度，工件仅划分 32 个网格，单元网格的边长为 0.025mm。网格重划分预设值仿真示意图如图 8.8 所示，设置刀具每步运行 1×10^{-4}mm，折算运行速度为 1mm/s，切屑厚度与单元网格的边长相同，为 0.025mm。该组实验中除网格重划分条件不同外，其余设置均保持一致。

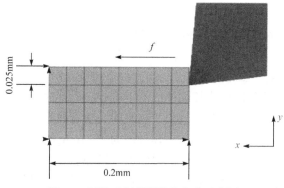

图 8.8　网格重划分预设值仿真示意图

网格重划分的示意图如图 8.9 所示。图 8.9(a)中刀具附近工件网格的节点分别为 $A \sim F$，其中 A、B 和 C 点构成已切削路径的边线，D、E、F 点是刀具前刀面与工件的接触点，构成沿前刀面滑动的切屑边线，刀具与工件在 C 和 D 点构成的边线相互渗透。该仿真重划分预设值为 5×10^{-3}mm，刀具与工件的相互渗透深度最大值达到 5.13189×10^{-3}mm，此时仿真软件会进行网格重划分，重划分后的网格如图 8.9(b)所示，前刀面接触节点位置不发生变化，以刀具的边线为基准，将节点 C 移动到 C' 使二者的相互渗透值变为零，并对刀尖点处接触工件网格进行细化，网格单元的边长变短，从而导致切削路径由 ABC 变化为 $A'B'G'C'$。

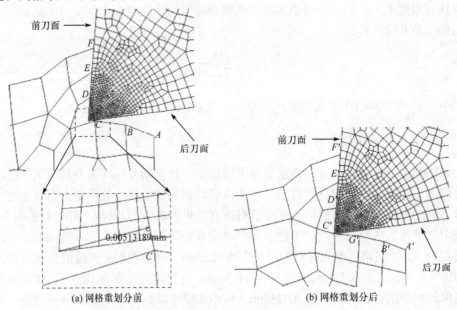

图 8.9　网格重划分示意图

表 8.4 是不同预设值的仿真结果。从表中可以看出，不同的重划分预设值对切削力 F_x 的影响并不大，对 F_y 的影响较大。随着预设值的不断增大，F_y 值不断减小。这可能是因为网格数过少，网格重划分后切削路径不是一条直线，从而使 y 向切削力减小。从仿真时间上来说，当预设值与单元网格边长的比值在 3%时耗时最长，预设值与单元网格边长的比值不小于 20%时耗时较短，与单元网格边长比值越小的预设值所需仿真时间越长。这是因为随着网格重划分预设值的减小，仿真进行重划分的时间间隔减小，在预设值为 0.77μm 时，几乎每一个仿真步都进行重划分，数据传递及计算需要的时间大大增加。在均衡仿真时间与仿真精度的前提下，选择与单元网格边长比值为 10%~20%对仿真过程比较有利，而比值大于 40%时，仿真精确度变差，网格变形严重，不利于仿真。

表 8.4　不同预设值的仿真结果

重划分预设值/μm	与单元网格边长的比值/%	切削力/N		刀尖处压力/MPa	耗时/h
		F_x	F_v		
0.77	3	21.6	3.46	521	3
2.5	10	20.8	3.31	515	1.31
3.75	15	19.6	3.19	528	1.11
5	20	20.5	2.91	523	0.28
7.5	30	19.8	2.71	538	0.25
10	40	19.7	2.55	548	0.1

8.3.2　摩擦因数的设定

根据文献[5]，在主轴转速为 60000r/min、切削深度为 100μm、进给速度为 8mm/s 时切削力 F_x 为 1.642N，F_y 为 1.267N。本实验采用三维仿真的方式设计不同的摩擦因数组合进行铣削仿真，如表 8.5 所示，将其切削力数值进行比较。因 F_z 的值对切削过程影响较小，故只比较 x、y 向的切削力。

表 8.5　不同摩擦因数组合下的仿真切削力

摩擦因素组合	切削力 F_x/N	误差/%	切削力 F_y/N	误差/%
$\mu=0.6$，$m=0.8$	1.545	11.5	1.158	9.41
$\mu=0.6$，$m=0.9$	1.571	4.51	1.173	8.01
$\mu=0.7$，$m=0.8$	1.578	4.06	1.178	7.55
$\mu=0.7$，$m=0.9$	1.596	2.88	1.188	6.64

从表 8.5 中可以看出，不同摩擦因数组合对仿真切削力的影响较小，没有明显的差别，本组实验中随着摩擦因数组合中数值的增大，其仿真切削力数值与真实值越接近，故选取摩擦因数组合为 $\mu=0.7$，$m=0.9$。

8.4　尺寸效应分析

8.4.1　尺寸效应的现象

铣刀的刀刃半径不可忽略，为了说明刀刃半径的影响，本节选取刀刃半径为 6μm 的刀具，在动态切削厚度为 8μm、进给速度为 392mm/s 的工况下与忽略刀刃半径的刀具进行对比。

　　铣削应力云图如图 8.10 所示。由应力云图可以看出，二者的最大应力都出现在剪切面附近，但是忽略刀刃半径时，其最大应力为 729MPa，而刀刃半径不可忽略时，其最大应力为 816MPa，二者相差 87MPa。从二者的差别可以看出，铣削仿真中刀刃半径对铣削过程影响很大，刀刃半径不可忽略。

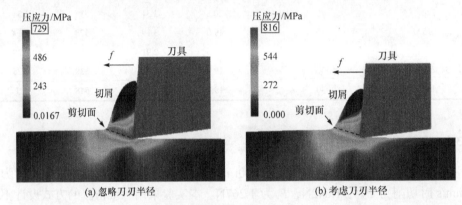

图 8.10　铣削应力云图

8.4.2　材料 Al6061 的最小切削厚度判定

　　为了分析材料 Al6061 在铣削中的最小切削深度，现取不带涂层的刀刃半径 r_e=6μm 的铣刀进行分析。取瞬态切削厚度分别为 0.5μm、1μm 和 1.5μm，其对应的瞬态切削厚度与刀刃半径的比值分别为 0.08、0.17 和 0.25，其结果如图 8.11 所示。从图中可以看出，在瞬态切削厚度为 0.5μm 时没有切屑产生；在瞬态切削厚度为 1μm 时，材料在刀尖点处堆积量变大；当瞬态切削厚度为 1.5μm 时，能够产生连续切屑。随着瞬态切削厚度的增加，工件材料与刀刃接触处的最大应力值不断增大，由 675MPa 增大到 814MPa，工件内部发生应变的范围也不断增大。由实验可以看出材料 Al6061 的最小切削厚度为 $0.17r_e\sim0.25r_e$。

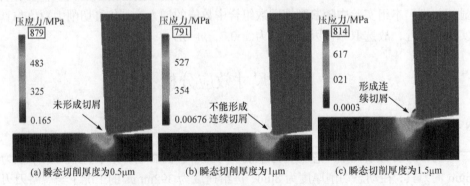

图 8.11　不同瞬态切削厚度下的应力云图

8.4.3 刀刃半径对切削力的影响

本节采用三维仿真模型分析刀刃半径对铣削切削力的影响,共进行 5 组实验。所使用仿真模型如图 8.2 所示,对应刀刃半径分别为 1μm、6μm、12μm、18μm 和 24μm,仿真切削条件如表 8.6 所示。在后处理中获得定义的 x、y 向的切削力,在对数据进行滤波处理后所获得的切削力随旋转角度变化的关系如图 8.12 所示。

表 8.6 仿真实验的切削条件

切削条件	数值
主轴转速	20000r/min
切削深度	100μm
进给速度	10mm/s
刀刃半径	1μm、6μm、12μm、18μm、24μm

铣刀运动轨迹为摆线并非半圆形,故第一刃(0°～180°内)在切削时其每刃进给量并未达到预设的最大值,即每刃进给量 15μm,使得第一刃的切削力小于第二刃的切削力;在铣刀旋转 180°时切削力数值并不为零,是因为铣刀有螺旋角,当刀尖点到达 180°后,部分切削刃仍在去除材料,铣刀与切屑并未分离,故切削力不为零。在铣刀刚开始旋转时,x 向切削力为负值也是同样的原因。

如图 8.12(a)和(b)所示,取铣刀第二刃(180°～360°内)切削力,在切削力为正值时,x 向的切削力大于 y 向的切削力,在切削力为负值时,x 向切削力随刀刃半径的增大而减小,但是 y 向切削力变化不明显。随着切削力增大,x 向取得最大值的旋转角度也随之增大,而在 y 向表现不明显。将切削力转换为法向切削力 F_n 和切向切削力 F_t,如图 8.12(c)和(d)所示,刀刃半径增大,主要影响法向切削力 F_n 的大小,对切向切削力 F_t 影响不大。

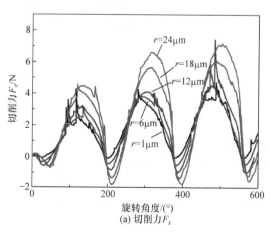

(a) 切削力 F_x

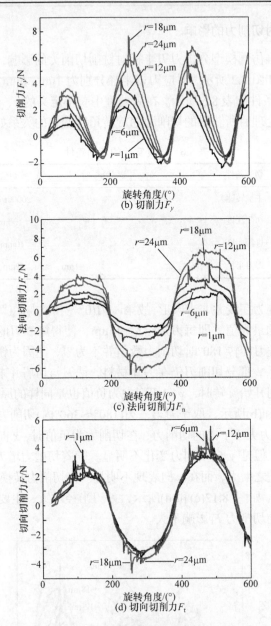

图 8.12 切削力随旋转角度变化示意图

  x、y 向的最大切削力随刀刃半径的增大而增大，且 x 向的切削力大于 y 向的切削力，但是二者之间的差值在不断减小，如图 8.13 所示。在刀刃半径由 1μm 增大到 12μm 时，y 向的切削力增加速率大于 x 向的切削力增加速率，二者之间的差值在 1N 左右。刀刃半径由 12μm 增加到 18μm 时，切削力增幅达到最大，仍是

y 向切削力增幅较大,二者之间的差值减小到 0.27N,而刀刃半径再次增大到 24μm 时,x、y 向的切削增幅放缓,二者之间的差值减小到 0.2N。当切削力变化最大时,切削厚度与刀刃半径的比值由 1.25 变为 0.833,在这种情况下,刀具与工件材料之间的作用方式发生变化,较大的刀刃半径会阻碍铣刀切入工件,使铣刀的后刀面与工件材料间产生更大的应力,犁耕力的作用更为明显,进而导致切削力增大,需要更多的切削功。

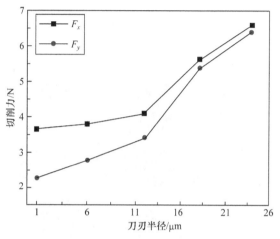

图 8.13　不同刀刃半径下的切削力最大值

8.4.4　刀刃半径对切屑的影响

在铣削中切屑生成会受到最小切削厚度的影响,常用切削厚度 h 和刀刃半径 r_e 的比值来表示。本节中的切削厚度一定,随着刀刃半径的增大,当未切屑厚度大于刀刃半径($h>r_e$)时,切屑能正常成形;当未切屑厚度小于等于刀刃半径($h \leqslant r_e$)时,实际的切屑前角为负值,会产生犁削效应,切屑在刀尖处受到挤压并堆积,相比于 $h>r_e$ 时切屑生成需要切削更长的距离,如图 8.14 所示。

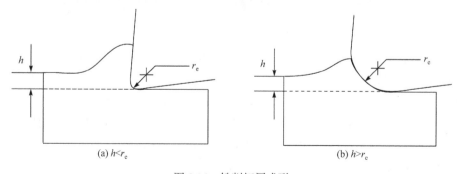

(a) $h<r_e$　　　　　　　　　　(b) $h>r_e$

图 8.14　铣削切屑成形

　　本节中铣刀每齿进给量为 15μm，刀刃半径分别为 1μm、6μm、12μm、18μm 和 24μm，其 h/r_e 值分别为 15、2.5、1.25、0.833 和 0.625。图 8.15 展示了刀刃半径为 6μm、12μm 和 24μm 的铣刀进行槽铣时切屑的生成情况。在相同的时间点，三者所形成的切屑不同。r_e 为 6μm 的铣刀在铣刀旋转 15°时已经生成切屑，而 r_e 为 12μm 和 24μm 的铣刀与工件之间仍处于挤压作用阶段；r_e 为 12μm 的铣刀在铣刀旋转 35°时生成了连续切屑，此时 r_e 为 6μm 的铣刀生成切屑且在前刀面流动，r_e 为 24μm 的铣刀仍未生成切屑；$r_e=24$μm 的铣刀在铣刀旋转 55°时生成连续切屑，而 r_e 为 6μm 的铣刀的切屑已经发生卷曲，r_e 为 12μm 的铣刀的切屑在前刀面流动。

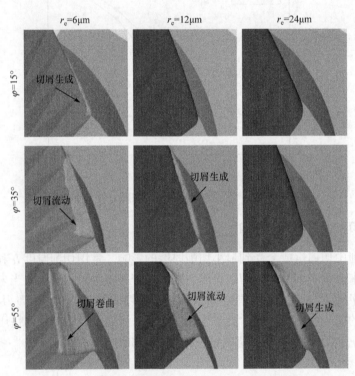

图 8.15　铣削仿真切屑成形对比

　　综上所述，可将铣削切屑的生成分为三个阶段：第一个阶段是切屑在刀尖点处不断挤压和堆积；第二个阶段是切屑生成和在前刀面流动；第三个阶段是切屑卷曲。切屑的生成时间与刀刃半径有很大的关系，随着刀刃半径的增大，生成连续切屑的时间不断增大，这意味着铣刀要切削更长的路径，需要更长的时间，进而产生大量的摩擦，导致铣刀的温度升高。分析三维铣削的切屑生成情况可以预测毛刺的生成，并对铣刀几何形状的设计起到指导作用。

8.5　本章小结

本章介绍了采用 Deform-3D 软件进行切削仿真的方法，包括铣削三维建模和关键参数设定，并基于仿真进行了微铣削加工尺寸效应的分析。

切削过程仿真能够获得切削过程中的应力、温度、切屑等分布，对切削过程分析具有重要意义。切削过程有限元仿真主要依赖国外通用有限元仿真软件或专用切削仿真软件进行，我国相关软件的发展还比较滞后。

参 考 文 献

[1] Johnson G R, Cook W H. A constitutive model and data for metals subjected to large strains, high strain rates and high temperatures[C]. Proceedings of the 7th International Symposium on Ballistics, Hague, 1983.

[2] Carroll J T, Strenkowski J S. Finite element models of orthogonal cutting with application to single point diamond turning[J]. International Journal of Mechanical Sciences, 1988, 30(12): 899-920.

[3] Zorev N N. Inter-relationship between shear processes occurring along tool face and shear plane in metal cutting[J]. International Research in Production Engineering, 1963, 49: 143-152.

[4] Thepsonthi T, Özel T. 3-D finite element process simulation of micro-end milling Ti-6Al-4V titanium alloy: Experimental validations on chip flow and tool wear[J]. Journal of Materials Processing Technology, 2015, 221: 128-145.

[5] Jun M B G, Goo C, Malekian M, et al. A new mechanistic approach for micro end milling force modeling[J]. Journal of Manufacturing Science and Engineering, 2012, 134(1): 011006-1-011006-9.

第9章 骨科手术机器人及骨材料切削技术

机器人切削技术不仅在工业领域应用广泛，在医疗行业中也有很大的需求。机器人骨科手术就是一个典型的应用，其切削对象是人体骨材料。人体骨材料可分为密质骨和松质骨两大类。密质骨的密度高于松质骨，疏松度却明显小于松质骨。总体而言，密质骨材料密度大，微观硬度与磷灰石大致相当(莫氏 5 级)，脆性稍大于有机玻璃，抗拉强度低，切削力系数小，导热率很小，比热容较大，加工时容易造成局部温度过高。

常见的骨科手术主要包括膝关节置换手术和骨肿瘤切除手术。在骨材料切削过程中容易出现骨破裂、热坏死、刀具断裂等问题。

本章从骨头的切削机理和切削温度上升预测角度出发，介绍机器人骨科手术典型切削过程、骨材料的微观结构、正交切削力变化特征、铣削力预估和三段式加工温度预测模型。

9.1 机器人骨科手术

9.1.1 骨科手术机器人系统

将机器人引入外科手术，预先设定控制力线校准、尺寸区域范围和切削参数等能够显著提高手术过程中的定位和加工精度。机器人手术系统分为主动、半主动/辅助、被动三种形式。主动系统能够在外科医生的监视下自主地执行手术任务。被动系统不能独立执行动作，而是向外科医生提供相关信息。在半主动/辅助系统中，外科手术机器人受到一定限制，如切削参数、切削路径和方向等，以遵循预定的策略。世界首个医疗机器人为 1983 年研制的 Arthrobot，第一个骨科手术机器人为1992 年 Integrated Surgical Systems(ISS)公司联合 Johns Hopkins 大学研制的RoboDoc 机器人。目前，半主动/辅助式机器人发展最为迅速，且已广泛应用于临床手术中，如国外的 The Stryker/MAKOplasty 骨科手术机器人、国内的天智航骨科手术机器人等。

手术过程分为术前规划、术中截骨和假体安装及术后假体位置精确度验证三个阶段。以 MAKOplasty 骨科手术机器人为例，骨科手术机器人系统由触觉反馈交互式机械臂、操作计划工作站、红外导航系统组成，如图 9.1 所示。

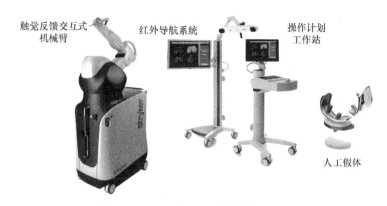

触觉反馈交互式机械臂　红外导航系统　操作计划工作站

人工假体

图 9.1　MAKOplasty 骨科手术机器人系统

术前规划包括对患者关节进行计算机断层扫描和磁共振成像(magnetic resonance imaging, MRI)等图像获取、关节力线测量、截骨区域确定、虚拟假体植入等；术中截骨包括切削参数设定、切削路径选择、周围组织清理等；植入假体后，主要通过运动力学方法验证术后假体位置是否准确和屈伸活动范围是否合适等，如图 9.2 所示。

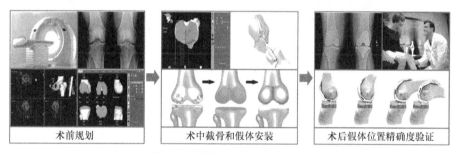

术前规划　　　　　术中截骨和假体安装　　　术后假体位置精确度验证

图 9.2　机器人关节置换术流程

关节置换术中，假体位置不良会导致偏心负荷、磨损、不稳、无菌性松动和髌骨关节疼痛等问题。截骨误差是产生假体位置不良的重要因素[1-3]。现今骨科手术机器人研究重点关注影像定位的精确性，而对手术切削过程中的精确性分析甚少。

9.1.2　截骨过程

常见的骨科手术切削形式包括铣、钻、锯和磨等。依据切削方式的不同，所用切削刀具也不同，骨科手术中常用的手术刀具如图 9.3 所示。目前对于骨组织的锯、钻等已有大量分析结果，而对于骨组织的铣、磨过程的分析较少，在骨科手术机器人系统中，所用到的切削刀具多为球头状的铣削磨头和平头立铣刀。铣削磨头是兼具铣削和钻削的刀具，既可铣削平面和曲面，也可钻孔加工。

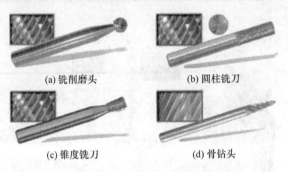

(a) 铣削磨头　　　　　　　　(b) 圆柱铣刀

(c) 锥度铣刀　　　　　　　　(d) 骨钻头

图 9.3　骨科手术中常用刀具

以 MAKOplasty 骨科手术机器人进行全膝关节置换术的截骨过程为例，术中需截除股骨踝和胫骨平台部分，以贴合假体安装。由 MAKOplasty 相关手册和文献[4]、文献[5]，根据患者骨骼尺寸的不同，可以得到被截除股骨踝部分尺寸和胫骨平台部分尺寸如图 9.4 所示，以此推测手术过程中截骨量的范围。全膝关节置换术中股骨踝截除平均厚度最多为 3mm，胫骨平台最大截除深度为 5mm。

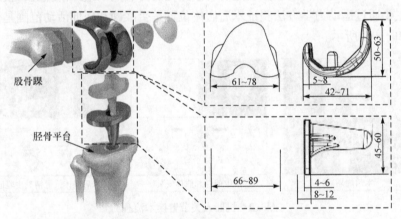

股骨踝

胫骨平台

图 9.4　被截除骨骼相配假体尺寸(单位：mm)

在使用铣削磨头刀具的临床机器人骨科手术中，主轴转速一般取 20000～30000r/min，进给速度控制在 5mm/s 以内[6]，而对于其他刀具，如锥度铣刀和立铣刀，主轴转速可达 60000r/min，进给速度和切削深度可根据动力系统性能进行相应调整。

采用医用软件 Mimics 测定实际人体胫骨和股骨的尺寸以及骨量等参数。从软件库中调用实体人体胫骨和股骨信息得到其基本尺寸，如表 9.1 所示，并依据该尺寸利用 SolidWorks 软件获取可编辑骨骼文件，以完成切骨过程的模拟以及切除骨量的预估。以分析股骨踝(即股骨末端)的切除过程为例，所绘股骨三维图如图 9.5 所示。

表 9.1　股骨和胫骨的尺寸参数

骨头	长度/mm	宽度/mm	高度/mm	总体积骨量/mm³
股骨	406.51	99.42	93.22	4.29×10^5
胫骨	345.03	81.64	65.43	2.75×10^5

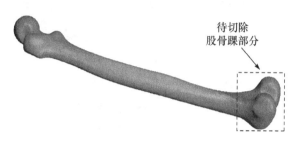

图 9.5　股骨三维图

　　参照被切除骨骼相配的假体形状尺寸和实际骨骼尺寸,可知围绕股骨踝需切出 4～6 个安装假体的平面,依据骨骼大小、假体形状确定切除假体平台的具体数量。

　　在机器人骨科手术过程中,切除骨组织时采用的切除方式主要为平面铣削,且以全槽铣为主,切削路径大多选择为往返式路径,如图 9.6 所示。使用立铣刀,以方便估算被切除骨量,被切除部分尺寸由 SolidWorks 软件中的测量工具测得,其中长为 40mm,宽为 23mm,最高处到被切除平面的距离为 5mm。若铣削刀具直径选择为 5mm,则切除该平面需往返 5 次,若进给速度选择为 2mm/s,则单路径需进给 20s,那么往返 5 次加工成所需平面需要时间最长为 100s,切除骨骼总时间依据切削深度的选取不同而不同。

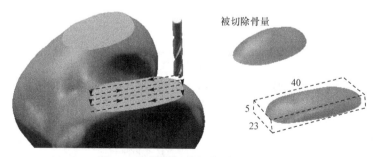

图 9.6　股骨踝切除方式(单位: mm)

　　切除全部骨量之后得到待安装假体的股骨踝,形成 5 个加工平面,同一加工平面各有两个小平面,如图 9.7 所示。经计算得到切除单平面骨量所需时间约为 100s,本例切除完后得到全部待装假体平面所用时间最长不超过 16min。

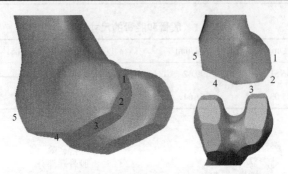

图 9.7　待安装假体股骨踝

本节以机器人全膝关节置换手术为例,截骨过程包含密质骨切削和松质骨切削。采用牛股骨长骨部分的密质骨作为实验材料,其余量充足且较易获取,而松质骨厚度较薄,且为疏松多孔结构,因此后面实验过程中,分析松质骨的切削过程较难实现,大多采用密质骨进行切削分析。松质骨的机械强度较密质骨弱,如果对密质骨切削分析时各项参数和表面形貌都满足要求,那么可类推松质骨切削也满足要求。

9.2　密质骨加工中受力的各向差异性

密质骨由多种特性不同的化学成分混合,其中包含大量骨单位纤维体,与增强复合材料结构类似。密质骨的微观结构和组成成分共同影响着它的力学特性,使骨能承受更多轴向方向的压力。

9.2.1　骨组织的微观结构

骨组织结构中外层为密质骨,厚 3~6mm,较松质骨密度大,机械强度高,主要承受外部载荷;内层为松质骨,厚 1~3mm,为多孔结构,主要承担养分的运输,如图 9.8 所示。

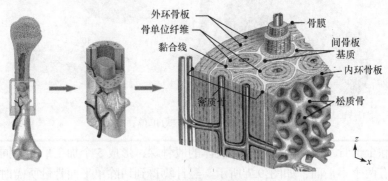

图 9.8　骨组织结构

　　密质骨结构与增强复合材料结构类似，具有各向异性，其包括骨单位纤维(哈弗斯系统)，大致呈圆柱状，长 3～5mm，直径为 100～300μm[6-8]。骨单位纤维中的哈弗斯管直径约为 50μm，用来运输血液。哈弗斯管周围环绕着由单层厚度为 3～7μm，以 10～20 层同心圆分布的层状骨板，层状骨板之间有突起相互连接的骨细胞。骨单位纤维之间存在间骨板基质，骨单位纤维与间骨板基质之间有厚度为 1～5μm 的黏合线。在骨单位结构中，骨细胞层和黏合线层机械强度较弱，受力时，易在此处产生断裂。

　　骨单位中黏合线和层状骨板间骨细胞壁强度小于间骨板基质，还小于骨单位纤维中的层状骨板。密质骨在横断方向和平行方向(交叉方向与平行方向类似)下的显微结构如图 9.9 所示。

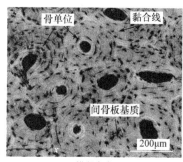
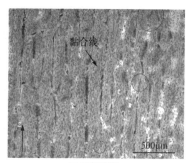

(a) 横断方向　　　　　　　　　　　　　　(b) 平行方向

图 9.9　骨材料不同方向的显微图

　　实验表明，骨单位采用正四边形排布的形式，长轴线排列采用单向纤维阵列形式。此种排列方式最贴近密质骨本身的几何特征，使骨组织各向异性对于骨切削力影响的分析结果更为真实可靠。

9.2.2　密质骨正交切削力的差异性

　　正交切削情况下骨材料的三种切削方向如图 9.10 所示。文献[9]～文献[11]指出骨材料各向异性对切削力的影响十分显著，其中，横断方向下的切削力最大，交叉方向下次之，平行方向下最小。目前可知，机械强度排序为间骨板基质强于骨单位层状骨板，还强于黏合线和层状骨板间的细胞壁。在切削过程中，切屑与骨材料分离时便会有沿着黏合线和细胞壁产生裂纹扩展的趋势。处于平行方向和交叉方向，刀刃与骨单位接触时，易发生剥离现象。处于横断方向时，刀刃进给方向垂直于骨单位，由于骨单位的加强作用，其机械强度高于其他两个方向，因此需要更多的能量才可形成切屑和骨工件分离的现象。切屑成形的具体情况是在横断方向下切削更易产生崩碎切屑。表面形貌情况是横断方向下的表面粗糙度数值要比其他两个方向大很多，且在横断方向上切削时，骨单位/哈弗斯系统易产生截断式破坏，易损伤位于其内的哈弗斯管中具有供给血液营养的血管，破坏骨组织重建等。

　　(a) 平行方向　　　　　　(b) 交叉方向　　　　　　(c) 横断方向

图 9.10　正交切削情况下骨材料三种切削方向

　　基于切削力系数的骨材料正交切削力 F 的计算公式为

$$F = Kbh \qquad\qquad (9.1)$$

式中，K 为切削力系数(N/m^2)；b 为切削深度(m)；h 为切削厚度(m)。

9.2.3　密质骨铣削力的差异性

　　三维铣削过程是一种使用旋转的多刃刀具加工的过程。骨组织的生物活性和各向异性使得骨铣削过程变得更加复杂。大多数情况下，对于骨铣削而言，切削深度远大于径向进给量，可将多刃铣削过程简化为单刃正交切削过程进行分析。

　　铣削过程是一个动态的过程。以两刃铣刀铣削过程中单刃切削瞬时状态分析为例，刀具切入时，动态切削厚度为零。随着铣刀的转动和进给运动，动态切削厚度逐渐增加至每齿进给量。铣刀持续转动和进给，动态切削厚度开始减小；刀具切出时，动态切削厚度减小至零。如此循环。

　　铣削-平行方向下的铣削过程如图 9.11 所示。在这种铣削情况下，切削主区域为正交-横断方向，如图 9.11 中刀刃 b 状态；切削副区域为正交-平行方向，如图 9.11 中刀刃 a 状态。切削力由正交-横断方向切削和正交-平行方向切削共同组成。骨材料加工表面(即铣削底面)为正交-平行方向形式，铣削-平行方向下的表面形貌和粗糙度较好。

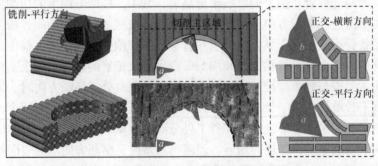

图 9.11　铣削-平行方向下的铣削过程示意图

　　铣削-交叉方向下的铣削过程如图 9.12 所示。在这种铣削情况下，切削主区域为正交-平行方向，如图 9.12 中刀刃 b 状态；切削副区域为正交-横断方向，如图 9.12 中刀刃 a 状态。切削力由正交-平行方向切削和正交-横断方向切削组成，与铣削-平行方向切削力的组成相同，而切削主导形式不同，其铣削-平行方向切削力略大于铣削-交叉方向切削力。骨材料加工表面(即铣削底面)为正交-交叉方向形式，其表面形貌和表面质量略次于铣削-平行方向。

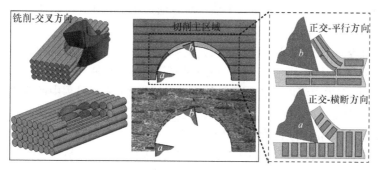

图 9.12　铣削-交叉方向下的铣削过程示意图

　　铣削-横断方向下的铣削过程如图 9.13 所示。在这种铣削情况下，刀刃 a、b 状态均为正交-交叉方向。切削力只由正交-交叉方向切削产生，其切削力小于其他两种铣削形式。而骨材料加工表面形貌依然为正交-横断方向切削形式，表面形貌易产生骨单位凹陷和深坑，与其他两种铣削方式相比，其粗糙度值变大。

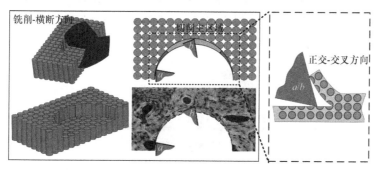

图 9.13　铣削-横断方向下的铣削过程示意图

　　骨铣削过程中，骨材料在切削力和表面形貌这两方面表现出各向异性。铣削过程表现出来的各向异性由骨正交切削各向异性组成，其中铣削-平行方向切削由正交-横断和正交-平行方向切削组成，铣削-交叉方向切削由正交-平行和正交-横断方向切削组成，铣削-横断方向可以等效成正交-交叉方向。因此，铣削-平行方向下的切削合力略大于铣削-交叉方向，为 6～8N，铣削-横断方向的切削力为 3～5N，约为前两种切削力的 50%。

9.3　密质骨铣削温度预测方法

在机器人骨科手术系统的开发中，对温度的预测仍然是一个关键问题。本节提出一种基于温度扩散机理的三段式骨表面温度预测模型，简化了骨铣削中复杂的热传递过程。三段式预测模型将铣削过程的热系统划分为铣削恒功率热源、刀尖温度分布和骨表面温度分布三个热系统，通过主轴转速、进给速度以及切削深度预测骨铣削过程中的产热功率、刀尖点温度和骨表面温度。

铣削中热量的产生和传递过程较为复杂，本节提出的三段式预测模型将铣削中产生的热量视为独立热源，独立热源对刀具进行加热使刀尖点成为恒温移动热源，从而考虑刀尖点温度对骨材料的热影响。这简化了铣削过程中的热传递过程，方便对骨材料温度的预测。总体而言，铣削恒功率热源、刀尖温度分布和骨表面温度分布三个热系统的主要内容如下。

(1) 铣削恒功率热源系统中，铣削产生的热主要来自材料变形能和摩擦产生的热[8]，材料变形能与进给速度和切削深度成正比，而摩擦产生的热与铣削速度成正比。

(2) 刀尖温度分布系统中，在恒功率热源的加热下，刀具传热满足傅里叶传热定理，且刀具的导热系数在骨铣削过程中随温度变化较小，常假定导热系数为常数[9]。

(3) 骨表面温度分布系统中，骨材料的热传递主要分为三种：热传导、热对流和热辐射，其中，热辐射较小可以忽略。而骨表面的温度与铣刀进给速度相关。机器人骨铣削温度预测模型如图 9.14 所示。

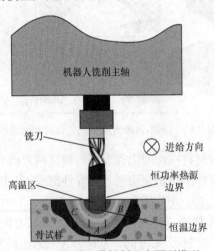

图 9.14　机器人骨铣削温度预测模型

9.3.1　铣削恒功率热源

铣削过程中，材料去除消耗的热功率部分会转化为热能，可以用一个系数来表示骨材料因剪切变形转化成热能的能力[10]。材料剪切和变形产生的热功率与材料的去除率成正比，其相应的热功率如下：

$$P_c = k_1 Z_w \tag{9.2}$$

式中，P_c 为骨铣削材料因剪切和变形产生的热功率(W)；k_1 为骨铣削材料去除消耗的能量转化为热能的系数，它与刀具、切削和骨的热性能有关；Z_w 为材料去除率(m^3/s)：

$$Z_w = Dbv_f \tag{9.3}$$

其中，D 为刀具有效切削直径(m)；b 为铣刀切削深度(m)；v_f 为铣刀进给速度(m/s)。

铣削中摩擦产生的热功率与切削速度成正比[11]，可以得到摩擦热功率为

$$P_f = k_2 v \tag{9.4}$$

式中，P_f 为骨铣削中的摩擦热功率(W)；k_2 为单位摩擦热功率的系数(W/(m·s))；v 为刀具铣削速度(m/s)：

$$v = \pi D \Omega \tag{9.5}$$

其中，Ω 为铣刀主轴转速(r/min)。

铣削热功率是材料剪切变形、摩擦以及其他热系统综合影响的结果。根据金属切削理论，骨铣削的切削热主要来自材料去除时能量的转化和摩擦[8]。铣削热功率为

$$P_h = P_c + P_f + P_e \tag{9.6}$$

式中，P_h 为铣削过程产生的热功率(W)；P_e 为其他热系统对铣削系统的加热功率(W)。

9.3.2　刀尖温度分布

骨科手术机器人骨铣削刀具温升模型如图 9.15 所示。骨科手术机器人骨铣削手术中，铣刀转速为 42000～60000r/min。在铣削过程中，铣削区的刀具与骨材料之间存在超高转速摩擦，温度急剧上升，产生高温区，且切削深度相对较小，可以认为刀具切削部分各处温度相同。同时由于刀具的螺旋槽设计散热相对较快，而且超高转速使得刀具与周围空气热交换速度增强，也显著提高了刀具的温度散失能力，这使得刀具在高温区与常温区之间的过渡区域非常小。

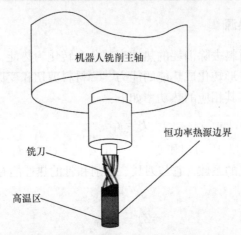

图 9.15 骨科手术机器人骨铣削刀具温升模型

刀具温升问题简化成稳态下刀具的温度分布，从刀尖到刀柄段温度逐渐降低至室温，其中过渡区长度取常用切削深度的平均值。刀具热传导方程表达式如下：

$$\Phi_t = -\lambda_t A_t \frac{u_c - u_m}{b_0} \tag{9.7}$$

$$u_c = u_r \tag{9.8}$$

式中，Φ_t 为刀具横截面的热流量(W)；u_m 为刀具铣削部分在稳态时的温度(℃)；λ_t 为医用铣刀的导热系数(W/(m·K))；u_c 为刀具常温区的温度(℃)；b_0 为骨铣削手术中的平均切削深度(m)；A_t 为刀具的有效截面面积(m²)；u_r 为刀具初始温度(℃)。

当铣削过程的温度处于稳态时，刀尖点的恒热流量完全由铣削产生的恒热源提供。骨科手术中，骨科手术机器人移动和刀具加工逐渐达到最佳状态，同时刀尖温度逐渐升高，散热功率逐渐增大，铣削中刀具的热传导将会处于一种动态平衡状态。此时，刀具的吸热功率与散热功率保持一致，刀尖点温度保持不变。由于骨材料的导热能力非常弱且受热时间较短，骨试样几乎不吸收热量，此时通过刀具截面的热流量为

$$\Phi_t = P_h \big|_{t=稳态} \tag{9.9}$$

9.3.3 骨表面温度分布

骨科手术机器人铣削骨材料的温升原理如图 9.16 所示。类似磨削的热模型，将刀具作为移动的热源，对材料表面进行加热。铣削过程中，刀具保持一定的进给速度，对于某一有效区域的骨材料，受热时间受进给速度 v_f 的影响，与铣刀进给速度的倒数成正比，此时骨材料处于一种非稳态导热状态。铣刀处于稳态，铣

刀刀尖点保持恒温。实验表明，铣刀加工端面处的骨材料受热变化程度比铣刀侧面更明显，具体的铣削温度对骨试样表面温度的影响如图 9.17 所示。铣削中 B 和 C 区域的骨材料由于超高转速的铣刀和空气热交换较强，热致变性较 A 区域的骨材料明显减轻。骨材料温度影响较大的部分是温升预测模型关注的重点，因此只考虑沿着铣刀轴向方向的骨材料温度的分布情况。骨材料在轴向方向温度影响区域的大小与铣刀和骨材料的有效接触时间呈正相关。

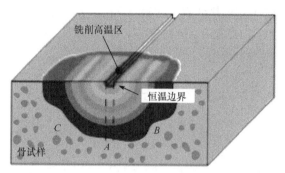

图 9.16　骨科手术机器人铣削骨材料温升原理图

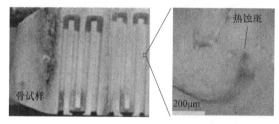

图 9.17　骨铣削中试样温度影响效果图

对于骨试样，将骨科手术机器人铣削骨材料温度传导简化成一个一维恒温度边界问题，其热传导方程的计算区域为 Λ，热传导微分方程表达式如下：

$$\frac{\partial u}{\partial t}(x,t) = \frac{\lambda_\mathrm{b}}{\rho_\mathrm{b} c_\mathrm{b}} \frac{\partial^2 u}{\partial x^2} \tag{9.10}$$

式中，$u(x,t)$ 为 t 时刻骨材料在 x 点的温度(℃)，其中位置点 x 是以铣刀端面位置为原点，外法向方向为正方向；ρ_b 为骨材料的密度(kg/m³)；λ_b 为骨材料的导热系数 (W/(m·K))；c_b 为铣刀的比热容(J/(kg·K))。

初始条件如下：

$$u(x,0) = u_\mathrm{r}, \quad x \in \Lambda \tag{9.11}$$

边界约束条件如下：

$$\lambda_b A_b \frac{\partial u}{\partial x}(0,t) = \frac{1}{R_c}(u_m - u(0,t)) \tag{9.12}$$

$$\lambda_b \frac{\partial u}{\partial x}(\delta,t) = h_t(u(\delta,t) - u_r), \quad 0 \leqslant t \leqslant t_m \tag{9.13}$$

式中，R_c 为刀具与骨试样切削接触界面的接触热阻($m^2 \cdot {}^\circ C/W$)；h_t 为骨试样在外边界处与空气的对流换热系数($W/(m^2 \cdot {}^\circ C)$)；A_b 为骨材料在铣刀轴向方向上的有效截面面积(m^2)；t_m 为骨表面加热的有效接触时间(s)。

骨铣削过程如图 9.18 所示。恒温铣刀从骨表面以一定速度匀速前进，留下宽为 D 的矩形表面。

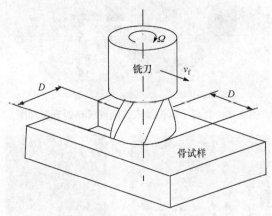

图 9.18　骨铣削过程示意图

有效接触时间和有效接触面积分别为

$$t_m = \frac{D}{v_f} \tag{9.14}$$

$$A_b = D^2 \tag{9.15}$$

综合实验情况，三段式基于热流传递的骨科手术机器人铣削表面温度预测模型能够满足实验预测精度，对机器人骨科手术中选择合适的加工参数具有指导意义。

9.4　本章小结

本章首先介绍了用于膝关节置换手术的骨科手术机器人以及截骨过程，分析了截骨过程中骨材料的去除方式和切削量。然后分析了密质骨加工中受力的各向差异性。最后，针对骨加工过程中骨表面温度预测问题，提出了三段式骨表面温度预测模型。切削过程中产生的热效应被看作一个恒功率热源。在一个恒功率热源加热下，刀尖温度最终达到稳定。对骨表面的温度预测问题可以看作一个恒温热源在一定时间里对骨材料传热的过程。结果表明，该模型具有可以接受的预测精度。

　　机器人辅助医生进行手术已经逐步进入临床阶段，而将机器人完全替代医生进行手术虽然存在很多问题，但这必然是一种趋势，应加强对机器人手术的基础问题——力和热开展工作。骨科手术机器人在骨科手术过程中的切削力具有不可预见性，这成为限制力控制的一个主要问题。骨材料的不均质性和各向异性以及与刀具之间的相对位置都限制了预测切削力的准确性。手术中因工具引起的加工热一直都是不可忽略的重要问题，需要了解加工过程中骨材料的热扩散机理以及热坏死产生的机制，但这一过程涉及的理论和领域较多。因此，根据不同加工参数和刀具参数，理论预测骨加工过程中的温度变化对实际应用是非常有效的，而这一部分的成果很有限。骨材料是一种各向异性的材料，类似于一种复合材料，有关骨材料切削性能的分析结果受实验条件、样本个体差异等影响而差异较大。另外，结合机器人结构振动的骨材料轨迹规划是下一步研究的新问题。

参 考 文 献

[1] 付君, 陈继营. 机器人辅助单髁膝关节置换术的历史与未来[J]. 中国骨与关节杂志, 2017, 6(9): 644-648.

[2] Moreland J R. Mechanisms of failure in total knee arthroplasty[J]. Clinical Orthopaedics and Related Research, 1988, 1(226): 49-64.

[3] Liau J J, Cheng C K, Huang C H, et al. The effect of malalignment on stresses in polyethylene component of total knee prostheses—A finite element analysis[J]. Clinical Biomechanics, 2002, 17(2): 140-146.

[4] Malo M, Vince K G.The unstable patella after total knee arthroplasty: Etiology, prevention, and management[J]. Journal of the American Academy of Orthopaedic Surgeons, 2003, 11(5): 364-371.

[5] Meier E, Gelse K, Trieb K, et al. First clinical study of a novel complete metal-free ceramic total knee replacement system[J]. Journal of Orthopaedic Surgery and Research, 2016, 11(1): 21-27.

[6] Arbabtafti M, Moghaddam M, Nahvi A, et al. Physics-based haptic simulation of bone machining[J]. IEEE Transactions on Haptics, 2011, 4(1): 39-50.

[7] Liao Z R, Axinte D A. On chip formation mechanism in orthogonal cutting of bone[J]. International Journal of Machine Tools and Manufacture, 2016, 100(102): 41-55.

[8] Santiuste C, Rodríguez-Millán M, Giner E, et al. The influence of anisotropy in numerical modeling of orthogonal cutting of cortical bone[J]. Composite Structures, 2014, 116(9): 423-431.

[9] Zhu X K, Chao Y J. Numerical simulation of transient temperature and residual stresses in

friction stir welding of 304L stainless steel[J]. Journal of Materials Processing Technology, 2004, 146(2): 263-272.

[10] Abukhshim N A, Mativenga P T, Sheikh M A. Heat generation and temperature prediction in metal cutting: A review and implications for high speed machining[J]. International Journal of Machine Tools and Manufacture, 2006, 46(7): 782-800.

[11] Grzesik W. The influence of thin hard coatings on frictional behaviour in the orthogonal cutting process[J]. Tribology International, 2000, 33(2): 131-140.

附　　录

1. 零阶近似法铣削稳定性叶瓣图

```
% 傅里叶级数近似
clc; clear; close all
% 定义 x 方向参数
kx=1.34e6; % N/m
wnx=922*2*pi; % rad/s
zetax=0.011;
% 定义 y 方向参数
ky=1.34e6; % N/m
wny=922*2*pi; % rad/s
zetay=0.011;

phis=0; % rad
phie=180*pi/180; % rad

% 定义切削力系数
Ks=6.3246e6; % N/m^2
beta=71.5651; % deg
Kn=1/tan(beta*pi/180);
Kt=Ks/sqrt(1 + Kn^2); % N/m^2
Nt=2;
% 零阶近似(均值代替傅里叶级数)的定向因子
alphaxx=0.5*((cos(2*phie)-2*Kn*phie+Kn*sin(2*phie))-(cos(2*phis)-
2*Kn*phis+Kn*sin(2*phis)));
alphaxy=0.5*((-sin(2*phie)-2*phie+Kn*cos(2*phie))-(-sin(2*phis)-
2*phis+Kn*cos(2*phis)));
alphayx=0.5*((-sin(2*phie)+2*phie+Kn*cos(2*phie))-(-sin(2*phis)+
2*phis+Kn*cos(2*phis)));
alphayy=0.5*((-cos(2*phie)-2*Kn*phie-Kn*sin(2*phie))-(-cos(2*phis)-
2*Kn*phis-Kn*sin(2*phis)));
% 定义两个方向频响函数
wnmax=max([wnx wny]);
```

```
w=(0:1:2*wnmax/2/pi)'*2*pi; % 频率, rad/s
FRFxx=(wnx^2/kx)./(wnx^2 - w.^2 + i*2*zetax*wnx.*w); % m/N
FRFyy=(wny^2/ky)./(wny^2 - w.^2 + i*2*zetay*wny.*w);
% 绘制频响函数
figure(1)
subplot 221
plot(w,real(FRFxx))
subplot 223
plot(w,imag(FRFxx))
subplot 222
plot(w,real(FRFyy))
subplot 224
plot(w,imag(FRFyy))
for cnt=1:length(w)
    % 定向后的 FRF
    FRF_or=[alphaxx*FRFxx(cnt) alphaxy*FRFyy(cnt);
    alphayx*FRFxx(cnt) alphayy*FRFyy(cnt)]; % m/N
    % 计算两个特征根
    E=eig(FRF_or);
    temp=E(1);
    lambda1(cnt)=temp;
    temp=E(2);
    lambda2(cnt)=temp;
    if(cnt > 1)
        dot_prod1=real(lambda2(cnt))*real(lambda2(cnt
        -1))+imag(lambda2(cnt))*imag(lambda2(cnt-1));
        dot_prod2=real(lambda2(cnt))*real(lambda1(cnt
        -1))+imag(lambda2(cnt))*imag(lambda1(cnt-1));
        if(dot_prod2 > dot_prod1)
            temp=lambda2(cnt);
            lambda2(cnt)=lambda1(cnt);
            lambda1(cnt)=temp;
        end
    end
end

lambda1=lambda1';
lambda2=lambda2';
% 计算极限切削深度
```

```
blim1=(2*pi/Nt/Kt)./((real(lambda1)).^2+(imag(lambda1)
).^2).*(real(lambda1).*(1+(imag(lambda1)./real(lambda1
)).^2)); % m
blim2=(2*pi/Nt/Kt)./((real(lambda2)).^2+(imag(lambda2)
).^2).*(real(lambda2).*(1+(imag(lambda2)./real(lambda2
)).^2));

% 计算 blim1 相关主轴转速
[index1]=find(blim1>0);
blim1=blim1(index1);
blim1=blim1*1e3; % mm
w1=w(index1);
psi1=atan2(imag(lambda1), real(lambda1));
psi1=psi1(index1);
epsilon1=pi-2*psi1;
% 设定叶瓣数
lobes=10;
Omega1=zeros(lobes,length(w1));

% 计算主轴转速，一个 epsilon 对应多个主轴转速
for cnt=1:lobes
    Omega1(cnt,:)=w1/(2*pi)./((cnt-1)+epsilon1/2/pi);
end

% 去除相交曲线，后处理
% 设定 3 个 cell 类型
x1=cell(lobes,1);
y1=cell(lobes,1);
z1=cell(lobes,1);
% 对每个叶瓣进行步距为 1 的插值操作
for cnt=1:lobes
    x1{cnt}=ceil(Omega1(cnt,1)):floor(Omega1(cnt,
    length(Omega1(cnt,:))));
    x1{cnt}=x1{cnt}';
    y1{cnt}=interp1(Omega1(cnt,:),blim1,x1{cnt});
    z1{cnt}=interp1(Omega1(cnt,:),w1,x1{cnt});
    chazhi1=lobes;
end
% 去相交曲线准备
```

```
A1=[];
for cnt=1:lobes
    A1=cat(1,A1,x1{cnt});
end
B1=unique(A1);
C1=zeros(length(B1),3);
C1(:,1)=B1;
C1(:,2)=1/eps;
C1(:,3)=1/eps;
% 从左至右，判断极限切削深度，取小值作为最终值，C1(:,1)主轴转速，C1(:,2)
    切削深度，C1(:,3)颤振频率
for cnt=lobes:-1:1
    for i=1:length(x1{cnt})
      N=find(C1(:,1)==x1{cnt}(i,1));
      if y1{cnt}(i,1)<C1(N,2)
            C1(N,2)=y1{cnt}(i,1);
            C1(N,3)=z1{cnt}(i,1);
      end

    end
qiuxiao1=cnt;
end



%% 计算 blim2 相关主轴转速
[index2]=find(blim2 > 0);
blim2=blim2(index2);
blim2=blim2*1e3;
w2=w(index2);
psi2=atan2(imag(lambda2), real(lambda2));
psi2=psi2(index2);
epsilon2=pi - 2*psi2;
Omega2=zeros(lobes,length(w2));

% 计算主轴转速，一个 epsilon 对应多个主轴转速
for cnt=1:lobes
    Omega2(cnt,:)=w2/(2*pi)./((cnt-1)+epsilon2/2/pi);
end
```

```
% 去除相交曲线，后处理
% 设定 3 个 cell 类型
x2=cell(lobes,1);
y2=cell(lobes,1);
z2=cell(lobes,1);
% 对每个叶瓣进行步距为 1 的插值操作
for cnt=1:lobes
    x2{cnt}=ceil(Omega2(cnt,1)):floor(Omega2(cnt,length
    (Omega2(cnt,:))));
    x2{cnt}=x2{cnt}';
    y2{cnt}=interp1(Omega2(cnt,:),blim2,x2{cnt});
    z2{cnt}=interp1(Omega2(cnt,:),w2,x2{cnt});
    chazhi2=lobes;
end
% 去相交曲线准备，B2 保存不重复转速
A2=[];
for cnt=1:lobes
    A2=cat(1,A2,x2{cnt});
end
B2=unique(A2);
C2=zeros(length(B2),3);
C2(:,1)=B2;
C2(:,2)=1/eps;
C2(:,3)=1/eps;


% 从左至右判断极限切削深度，取小值作为最终值，C2(:,1)主轴转速，
  C2(:,2)切削深度，C2(:,3)颤振频率
for cnt=lobes:-1:1
    for i=1:length(x2{cnt})
      N=find(C2(:,1)==x2{cnt}(i,1));
      if y2{cnt}(i,1)<C2(N,2)
            C2(N,2)=y2{cnt}(i,1);
            C2(N,3)=z2{cnt}(i,1);
      end
    end

end
A=[C1(:,1);C2(:,1)];
B=unique(A);
```

```
C=zeros(length(B),3);
C(:,1)=B;
C(:,2)=1/eps;
C(:,3)=1/eps;

for i=1:length(C1(:,1))
    N=find(C(:,1)==C1(i,1));
    if C1(i,2)<C(N,2)
        C(N,2)=C1(i,2);
        C(N,2)=C1(i,2);
    end
end
for i=1:length(C2(:,1))
    N=find(C(:,1)==C2(i,1));
    if C2(i,2)<C(N,2)
        C(N,2)=C2(i,2);
        C(N,2)=C2(i,2);
    end
end
% 绘制结果
figure(2)
plot(C1(:,1)*60,C1(:,2),'b'),hold on;
plot(C2(:,1)*60,C2(:,2),'r');
% 单独绘制，设定纵坐标
figure(3)
plot(C(:,1)*60,C(:,2))
axis([5000 25000 0 50]);
```

2. 半离散法获得稳定性叶瓣图

```
% 半离散方法
clear all; close all; clc;
% 模态参数
N=2;
Kt=6e8;        % N/m^2
Kn=2e8;        % N/m^2
w0x=922*2*pi;  % rad/s
zetax=0.011;
w0y=922*2*pi;  % rad/s
zetay=0.011;
```

```
m_tx=0.03993;    % kg
m_ty=0.03993;
aD=1;
up_or_down=-1;
if up_or_down==1
    fist=0;
    fiex=acos(1-2*aD);
    elseif up_or_down==-1
    fist=acos(2*aD-1);
    fiex=pi;
end
stx=200;                            % 主轴转速步数
sty=100;                            % 切削深度步数
w_st=0e-3;                          % 起始切削深度(m)
w_fi=4.5e-3;                        % 结束切削深度(m)
o_st=5e3;                           % 起始主轴转速(r/min)
o_fi=25e3;                          % 结束主轴转速(r/min)
% 计算参数
k=40;                               % 每周期离散间隔
intk=20;
m=k;
wa=0.5;
wb=0.5;
D=zeros(2*m+4,2*m+4);               % 矩阵 D
d=ones(2*m+2,1);
d(1:4)=0;
D=D+diag(d,-2);
D(5,1)=1;
D(6,2)=1;
% 切削力系数离散 h(t)
for i=1:k
    dtr=2*pi/N/k;
    hxx(i)=0;
    hxy(i)=0;
    hyx(i)=0;
    hyy(i)=0;
    for j=1:N
        for h=1:intk
            fi(h)=i*dtr+(j-1)*2*pi/N+h*dtr/intk;
```

```
                    if (fi(h)>=fist)*(fi(h)<=fiex)
                        g(h)=1;              % 刀刃处于切削状态
                    else
                        g(h)=0;              % 刀刃不处于切削状态
                    end
                end
            hxx(i)=hxx(i)+sum(g.*(Kt.*cos(fi)+Kn.*sin(fi)
            ).*sin(fi))/intk;
            hxy(i)=hxy(i)+sum(g.*(Kt.*cos(fi)+Kn.*sin(fi)
            ).*cos(fi))/intk;
            hyx(i)=hyx(i)+sum(g.*(-Kt.*sin(fi)+Kn.*cos(fi)
            ).*sin(fi))/intk;
            hyy(i)=hyy(i)+sum(g.*(-Kt.*sin(fi)+Kn.*cos(fi)
            ).*cos(fi))/intk;
        end
    end
% 开始计算
for x=1:stx+1                                % 扫描主轴转速
    o=o_st+(x-1)*(o_fi-o_st)/stx;            % 主轴转速
    tau=60/o/N;                              % 时延
    dt=tau/(m);                              % 时间步长
    for y=1:sty+1                            % 扫描切削深度
        w=w_st+(y-1)*(w_fi-w_st)/sty;        % 切削深度
        Fi=eye(2*m+4,2*m+4);                 % 构造变换矩阵
        for i=1:m
            A=zeros(4,4);
            A(1,3)=1;
            A(2,4)=1;
            A(3,1)=-w0x^2-hxx(i)*w/m_tx;
            A(3,2)=-hxy(i)*w/m_tx;
            A(3,3)=-2*zetax*w0x;
            A(4,1)=-hyx(i)*w/m_ty;
            A(4,2)=-w0y^2-hyy(i)*w/m_ty;
            A(4,4)=-2*zetay*w0y;

            B=zeros(4,4);
            B(3,1)=hxx(i)*w/m_tx;
            B(3,2)=hxy(i)*w/m_tx;
            B(4,1)=hyx(i)*w/m_ty;
```

```
                    B(4,2)=hyy(i)*w/m_ty;
                    P=expm(A*dt);
                    R=(expm(A*dt)-eye(4))*inv(A)*B;
                    D(1:4,1:4)=P;
                    D(1:4,(2*m+1):(2*m+2))=wa*R(1:4,1:2);
                    D(1:4,(2*m+3):(2*m+4))=wb*R(1:4,1:2);
                    Fi=D*Fi;
                end
                ss(x,y)=o;                        % 主轴转速矩阵
                dc(x,y)=w;                        % 切削深度矩阵
                ei(x,y)=max(abs(eig(Fi)));        % 矩阵特征值
            end
        stx+1-x;
    end
    figure
    contour(ss,dc,ei,[1,1],'k')
    xlabel('\Omega (r/min)')
    ylabel('blim (m)')
```

3. 全离散法

```
% 全离散法
clear all; close all; clc;
%% 模态参数
N=2;
Kt=6e8;                        % N/m²
Kn=2e8;                        % N/m²
w0x=922*2*pi;                  % rad/s
zetax=0.011;
w0y=922*2*pi;                  % rad/s
zetay=0.011;
m_tx=0.03993;                  % kg
m_ty=0.03993;
aD=1;
up_or_down=-1;
if up_or_down==1               %逆铣
    fist=0;
    fiex=acos(1-2*aD);
    elseif up_or_down==-1      %顺铣
    fist=acos(2*aD-1);
```

```
        fiex=pi;
end
stx=200;                    % 主轴转速步数
sty=100;                    % 切削深度步数
w_st=0e-3;                  % 起始切削深度
w_fi=4.5e-3;                % 结束切削深度
o_st=5e3;                   % 起始主轴转速
o_fi=25e3;                  % 结束主轴转速
%% 计算参数
m=40;                       % 每周期离散间隔
D=zeros(2*m+4,2*m+4);       % 矩阵 D
d=ones(2*m+2,1);
d(1:4)=0;
D=D+diag(d,-2);
D(5,1)=1;
D(6,2)=1;
% 特定切削力系数 h(t)的离散百分比
for i=1:m+1
        dtr=2*pi/N/m;
        hxx(i)=0;
        hxy(i)=0;
        hyx(i)=0;
        hyy(i)=0;
        for j=1:N                   % 循环刀刃数 j
                fi=i*dtr+(j-1)*2*pi/N;
                if (fi>=fist)*(fi<=fiex)
                        g=1;        % 刀刃处于切削状态
                else
                        g=0;        % 刀刃不处于切削状态
                end
                hxx(i)=hxx(i)+g*(Kt*cos(fi)+Kn*sin(fi))*sin
                (fi);
                hxy(i)=hxy(i)+g*(Kt*cos(fi)+Kn*sin(fi))*cos
                (fi);
                hyx(i)=hyx(i)+g*(-Kt*sin(fi)+Kn*cos(fi))*sin
                (fi);
                hyy(i)=hyy(i)+g*(-Kt*sin(fi)+Kn*cos(fi))*cos
                (fi);
        end
```

```
end
%% 开始提出的想法
M=[m_tx,0;0,m_ty];
C=[2*m_tx*zetax*w0x,0;0,2*m_ty*zetay*w0y];
K=[m_tx*w0x^2,0;0,m_ty*w0y^2];
invM=inv(M);
A0=[-invM.*C./2,invM;C.*invM.*C./4-K,-C.*invM./2];
I=eye(size(A0));
invA0=inv(A0);
% 开始计算
for x=1:stx+1                              % 扫描主轴转速
    o=o_st+(x-1)*(o_fi-o_st)/stx;          % 主轴转速
    tau=60/o/N;                            % 时延
    dt=tau/m;                              % 时间步
    % 计算 Φ0, Φ1, Φ2, Φ3
    Fi0=expm(A0*dt);
    Fi1=invA0*(Fi0-I);
    Fi2=invA0*(Fi0*dt-Fi1);
    Fi3=invA0*(Fi0*dt*dt-2*Fi2);
    % 计算 Φ0、Φ1、Φ2、Φ3 结束
    for y=1:sty+1                          % 扫描切削深度
        w=w_st+(y-1)*(w_fi-w_st)/sty;      % 切削深度
        Fi=eye(2*m+4,2*m+4);               % 构造转移矩阵 Fi
        for i=1:m
            A0k=[0 0 0 0; 0 0 0 0; -w*hxx(i+1) -w*hxy(i+1)
            0 0; -w*hyx(i+1) -w*hyy(i+1) 0 0];
            A1k=[0 0 0 0; 0 0 0 0; w*(hxx(i+1)-hxx(i))/dt
            w*(hxy(i+1)-hxy(i))/dt 0 0; w*(hyx(i+1)-
            hyx(i))/dt w*(hyy(i+1)-hyy(i))/dt 0 0];
            F01=Fi2*A0k/dt+Fi3*A1k/dt;
            Fkp1=(Fi1-Fi2/dt)*A0k+(Fi2-Fi3/dt)*A1k;
            % Fk+1
            inv0fImFkp1=inv(I-Fkp1);
            % [I-Fk+1]^(-1)
            D(1:4,1:4)=inv0fImFkp1*(Fi0+F01);
            D(1:4,(2*m+1):(2*m+2))=-inv0fImFkp1*Fkp1
            (1:4,1:2);
            % 因为 Fm_1=-Fk+1
            D(1:4,(2*m+3):(2*m+4))=-inv0fImFkp1*F01
```

```
                   (1:4,1:2);
                   % 因为 Fm=-F01
                   Fi=D*Fi;
              end
         ss(x,y)=o;                              % 主轴转速矩阵
         dc(x,y)=w;                              % 主轴转速切削深度
         ei(x,y)=max(abs(eig(Fi)));             % 特征值矩阵
     end
     stx+1-x;
end
%% 绘图
figure;
contour(ss,dc,ei,[1,1],'k'),xlabel('Omega/(r/min)'),
ylabel('w(m)')
xlabel('\Omega (r/min)')
ylabel('blim (m)')
```